愛蔵版《あいぞうばん》

ジュニア空想科学読本《くうそうかがくどくほん》①

柳田理科雄《やなぎたりかお》・著
藤嶋《ふじしま》マル・絵

汐文社《ちょうぶんしゃ》

科学《かがく》する心《こころ》は、空想《くうそう》する心《こころ》から

アニメやマンガや物語《ものがたり》の世界《せかい》では、不思議《ふしぎ》なことや夢《ゆめ》のようなことがたくさん起《お》こる。たとえば『ドラえもん』では、のび太《た》やドラえもんが、頭《あたま》に小《ちい》さなプロペラをつけて空《そら》を飛《と》ぶ。その名《な》もタケコプター。また『名探偵《めいたんてい》コナン』では、高校《こうこう》2年生《ねんせい》の工藤新一《くどうしんいち》が謎《なぞ》の薬《くすり》を飲《の》まされて、小学《しょうがく》1年生《ねんせい》の体《からだ》になってしまった。その薬《くすり》の名《な》はアポトキシン4869。

こういうものに初《はじ》めて出会《であ》ったとき、多《おお》くの人《ひと》が思《おも》うのではないだろうか。「自分《じぶん》もタケコプターで空《そら》を飛《と》びたい」「アポトキシン4869のような薬《くすり》は本当《ほんとう》に作《つく》れるの？」と。

ところが少《すこ》し時間《じかん》が経《た》つと、こうした憧《あこが》れや疑問《ぎもん》とのつき合《あ》い方《かた》は、人《ひと》によって違《ちが》ってくる。「いつか科学《かがく》が進歩《しんぽ》すれば、実現《じつげん》できるかもしれない」と期待《きたい》を抱《いだ》く人《ひと》、「これは想像《そうぞう》の世界《せかい》の出来事《できごと》で、現実《げんじつ》にはあり得《え》ない」と割《わ》り切《き》る人《ひと》、「マンガやアニメのことばかり考《かんが》えていないで勉強《べんきょう》しよう」と離《はな》れていく人《ひと》。もちろん、どれがよくてどれが悪《わる》いということは全然《ぜんぜん》ないと思《おも》う。

そうしたたくさんの「夢《ゆめ》とのつき合《あ》い方《かた》」のなかで、僕《ぼく》が子《こ》どもの頃《ころ》からやってきたのは「科《か》学《がく》の力《ちから》で実現《じつげん》する方法《ほうほう》はないか」「無理《むり》やり実行《じっこう》したら、どうなるか」と考《かんが》えることだった。アニメも特撮《とくさつ》も好《す》きな一方《いっぽう》で、科学者《かがくしゃ》になりたいと思《おも》っていたから、自然《しぜん》にそうなったのだろう。

そしていままでは、そんな視点《してん》でアニメやマンガを考《かんが》え、本《ほん》を書《か》くことを仕事《しごと》にしている。

空想《くうそう》の世界《せかい》を科学《かがく》で考《かんが》えることは、実《じつ》に楽《たの》しい。タケコプターを実現《じつげん》するには大《おお》きな苦労《くろう》が伴《ともな》うことがわかり、コナンくんの人生《じんせい》にはこれからも悩《なや》ましい問題《もんだい》がついてまわることが判明《はんめい》し、民話《みんわ》『大《おお》きなかぶ』のおじいさんたちのカブの抜《ぬ》き方《かた》には、ちょっと問題《もんだい》があることが浮《う》かび上《あ》がった。どんなテーマに取《と》り組《く》んでも、予想《よそう》を超《こ》えた面白《おもしろ》い結論《けつろん》が得《え》られるのである。

それはおそらく、アニメやマンガには、作《つく》る人《ひと》たちの逞《たくま》しい想像力《そうぞうりょく》が注《そそ》ぎこまれているからだろう。近年《きんねん》、ロボットが驚異的《きょういてき》な発展《はってん》を遂《と》げつつあるが、子《こ》どもの頃《ころ》に手塚治虫《てづかおさむ》先生《せんせい》の『鉄腕《てつわん》アトム』に熱狂《ねっきょう》した人々《ひとびと》が、自分《じぶん》の手《て》でアトムを作《つく》りたいと思《おも》って科学者《かがくしゃ》やロボット開発者《かいはつしゃ》になり、空想《くうそう》の世界《せかい》を真剣《しんけん》に追《お》いかけ続《つづ》けたからでもある。人間《にんげん》の想像力《そうぞうりょく》は、科学《かがく》の進歩《しんぽ》を促《うなが》すのだ。

僕《ぼく》はこの楽《たの》しさ、人間《にんげん》の想像力《そうぞうりょく》に対《たい》するオドロキを、たくさんの人《ひと》に共有《きょうゆう》してほしいと考《かんが》えた。そこで、長年《ながねん》にわたって書《か》き続《つづ》けてきた『空想科学読本《くうそうかがくどくほん》』という本《ほん》のシリーズのなかから人気《にんき》のあった原稿《げんこう》を選《えら》び、全面的《ぜんめんてき》に書《か》き直《なお》したのが本書《ほんしょ》である。

相対性理論《そうたいせいりろん》など高校《こうこう》でも教《おそ》わらないような内容《ないよう》も扱《あつか》っているから、やや難《むずか》しいところもあるかもしれない。だが、科学的《かがくてき》に考《かんが》えることの楽《たの》しさは伝《つた》わると思《おも》う。空想《くうそう》と科学《かがく》は刺激《しげき》し合《あ》いながら発展《はってん》する幸《しあわ》せな関係《かんけい》にある――ということも、きっと感《かん》じてもらえると思《おも》う。

愛蔵版《あいぞうばん》

ジュニア空想《くうそう》科学《かがく》読本《どくほん》

目次《もくじ》

とっても気《き》になるマンガの疑問《ぎもん》
『ドラゴンボール』のかめはめ波《は》。
自分《じぶん》にもできそうな気《き》がしますが、
実際《じっさい》に可能《かのう》ですか？……9

とっても気《き》になるアニメの疑問《ぎもん》
『ドラえもん』のタケコプターがあれば
実際《じっさい》に空《そら》を飛《と》ぶことができますか？……16

とっても気《き》になるアニメの疑問《ぎもん》
『サザエさん』の終《お》わりの歌《うた》で、一家《いっか》が
飛《と》び込《こ》んだ山小屋《やまごや》が伸《の》びたり縮《ちぢ》んだりします。
何《なに》が起《お》こっているのでしょうか？……21

とっても気《き》になるマンガの疑問《ぎもん》
『名探偵《めいたんてい》コナン』のコナンは高校生《こうこうせい》から小学生《しょうがくせい》に
なりました。そんなことが起《お》こり得《え》ますか？……26

とっても気《き》になる絵本《えほん》の疑問《ぎもん》
絵本《えほん》『１００まんびきのねこ』には、
1兆匹《ちょうひき》の猫《ねこ》が出《で》てきますが、
そんなに多《おお》くの猫《ねこ》を飼《か》えますか？……32

とっても気《き》になるアニメの疑問《ぎもん》
『プリキュア』シリーズの
変身《へんしん》シーンはとても長《なが》いと思《おも》います。
変身中《へんしんちゅう》にやられませんか？……37

とっても気《き》になるアニメの疑問《ぎもん》
『アルプスの少女《しょうじょ》ハイジ』の
オープニングの大《だい》ブランコ。
あれは、どれほどの大《おお》きさですか？……43

とっても気《き》になる特撮《とくさつ》の疑問《ぎもん》
ゴジラは身長《しんちょう》50m・体重《たいじゅう》2万《まん》t。
この体格設定《たいかくせってい》は科学的《かがくてき》に
どうなのでしょう？……49

とっても気《き》になるゲームの疑問《ぎもん》
カービィは、相手《あいて》を吸《す》い込《こ》むと
その特徴《とくちょう》が体《からだ》に現《あらわ》れます。
なぜそんなことができるのでしょうか？……56

とっても気《き》になるアニメの疑問《ぎもん》
アンパンマンのアンパンで、
何人《なんにん》がお腹《なか》いっぱいになりますか？……62

とっても気《き》になるラノベの疑問《ぎもん》
『とある魔術《まじゅつ》の禁書目録《インデックス》』のヒロインは、
10万冊《まんさつ》の魔道書《まどうしょ》を記憶《きおく》しています。
そんなに覚《おぼ》えられますか？……68

とっても気《き》になるアニメの疑問《ぎもん》
『戦国《せんごく》BASARA《バサラ》』の伊達政宗《だてまさむね》は
六刀流《ろくとうりゅう》の使《つか》い手《て》です。
実際《じっさい》にそんなことができますか？……73

とっても気《き》になる昔話《むかしばなし》の疑問《ぎもん》
ロシア民話《みんわ》『大《おお》きなかぶ』で、カブは
多《おお》くの人《ひと》や動物《どうぶつ》が引《ひ》っ張《ぱ》ってもなかなか
抜《ぬ》けませんでした。なぜでしょうか？……79

とっても気《き》になるマンガの疑問《ぎもん》
『ゲゲゲの鬼太郎《きたろう》』の目玉《めだま》おやじは、
なぜ目玉《めだま》だけで生《い》きていけるのですか？……85

とっても気《き》になるアニメの疑問《ぎもん》
『キャプテン翼《つばさ》』で、サッカーボールが
ぶつかり、コンクリートの壁《かべ》がへこみました。
そんなことがあり得《え》ますか？……90

とっても気《き》になる人形劇《にんぎょうげき》の疑問《ぎもん》
きかんしゃトーマスと彼《かれ》の仲間《なかま》たちは、
なぜ事故《じこ》ばかり起《お》こすのでしょうか？……95

とっても気《き》になるアニメの疑問《ぎもん》
『千《せん》と千尋《ちひろ》の神隠《かみかく》し』の湯婆婆《ゆばーば》は、
顔《かお》がとても巨大《きょだい》です。不便《ふべん》ではないですか？……101

とっても気《き》になる特撮《とくさつ》の疑問《ぎもん》
ウルトラマンの寿命《じゅみょう》は2万歳《まんさい》！
生物《せいぶつ》がそんなに長《なが》く生《い》きることは
できるのでしょうか？……107

とっても気《き》になるアニメの疑問《ぎもん》
イルカに乗《の》って、7つの海《うみ》を行《い》く。
『海《うみ》のトリトン』の旅《たび》は
どれほど大変《たいへん》ですか？……114

とっても気《き》になるマンガの疑問《ぎもん》
『GTO《ジーティーオー》』鬼塚先生《おにづかせんせい》は、
デコピン一発《いっぱつ》で人《ひと》を何《なん》mも飛《と》ばしました。
そんなことができますか？……120

とっても気《き》になるマンガの疑問《ぎもん》
デスノートで、世界中《せかいじゅう》の人間《にんげん》を
「裁《さば》く」ことは可能《かのう》ですか？……125

とっても気《き》になる昔話《むかしばなし》の疑問《ぎもん》
『赤《あか》ずきん』のオオカミは人間《にんげん》を
呑《の》み込《こ》みましたが、大《おお》きすぎませんか？……131

とっても気《き》になる特撮《とくさつ》の疑問《ぎもん》
『特捜《とくそう》エクシードラフト』に登場《とうじょう》した
時速《じそく》3千《ぜん》kmのマシン・バリアス7《セブン》。
そんなモノに乗《の》ったらどうなりますか？……137

とっても気《き》になるアニメの疑問《ぎもん》

『となりのトトロ』のトトロとは、いったいどんな生《い》き物《もの》なのでしょうか？……144

とっても気《き》になる映画《えいが》の疑問《ぎもん》

小説《しょうせつ》や映画《えいが》で何度《なんど》も描《えが》かれてきた透明人間《とうめいにんげん》。どうすれば実現《じつげん》できますか？……150

とっても気《き》になるアニメの疑問《ぎもん》

巨大《きょだい》ロボ・マジンガーZに乗《の》って操縦《そうじゅう》する兜甲児《かぶとこうじ》。乗《の》り物酔《ものよ》いしませんか？……156

とっても気《き》になるアニメの疑問《ぎもん》

『ドラえもん』のジャイアンはものすごく音痴《おんち》で、歌《うた》うと窓《まど》ガラスが割《わ》れるそうです。実際《じっさい》にあり得《え》ることですか？……163

とっても気《き》になるアニメの疑問《ぎもん》

『ONE《ワン》 PIECE《ピース》』のルフィはゴム人間《にんげん》です。その力《ちから》を活《い》かした「ゴムゴムの銃《ピストル》」は、どれほどの威力《いりょく》ですか？……168

とっても気《き》になる昔話《むかしばなし》の疑問《ぎもん》

かぐや姫《ひめ》は光《ひか》る竹《たけ》の中《なか》から出《で》てきました。なぜ竹《たけ》は光《ひか》っていたのですか？……175

とっても気《き》になるマンガの疑問《ぎもん》

少女《しょうじょ》マンガのキャラクターはとても目《め》が大《おお》きいですが、そんな人《ひと》が実在《じつざい》したらどうなりますか？……181

とっても気《き》になるマンガの疑問《ぎもん》

『鋼《はがね》の錬金術師《れんきんじゅつし》』でエドワードが「人体《じんたい》の材料《ざいりょう》は小遣《こづか》いでも買《か》える」と言《い》ってましたが、具体的《ぐたいてき》にはいくらですか？……187

とっても気《き》になる文学《ぶんがく》の疑問《ぎもん》

芥川龍之介《あくたがわりゅうのすけ》『蜘蛛《くも》の糸《いと》』で、お釈迦様《しゃかさま》が
垂《た》らしたクモの糸《いと》に大勢《おおぜい》の人《ひと》が登《のぼ》ろうとします。
人間《にんげん》がクモの糸《いと》を登《のぼ》ることは可能《かのう》？……193

とっても気《き》になるアニメの疑問《ぎもん》

宇宙戦艦《うちゅうせんかん》ヤマトの艦内《かんない》では
地上《ちじょう》と同《おな》じような重力《じゅうりょく》が働《はたら》いていました。
重力《じゅうりょく》は、どうすれば作《つく》り出《だ》せますか？……199

『ジュニ空《くう》』読者《どくしゃ》のための

これはすごいよ！
空想《くうそう》科《か》学《がく》作《さく》品《ひん》案内《あんない》！……207

とっても気《き》になるマンガの疑問《ぎもん》

『ドラゴンボール』のかめはめ波《は》。自分《じぶん》にもできそうな気《き》がしますが、実際《じっさい》に可能《かのう》ですか？

孫悟空《そんごくう》が胸《むね》の前《まえ》で両手《りょうて》を向《む》かい合《あ》わせて「か～め～は～め～」と気合《きあい》を入《い》れると、手《て》のひらのあいだに光《ひかり》の球《たま》が現《あらわ》れる。その輝《かがや》きが最大限《さいだいげん》に達《たっ》するや「波《は》～ッ！」と叫《さけ》んで両手《りょうて》を前《まえ》に突《つ》き出すと、光《ひかり》の球《たま》は尾《お》を引《ひ》いて飛《と》んでいき、相手《あいて》を打《う》ち倒《たお》す。これが、かめはめ波《は》だ。

この技《わざ》について、筆者《ひっしゃ》はしばしば「かめはめ波《は》は、どうすれば撃《う》てますか？」という質問《しつもん》を受《う》ける。ウルトラマンのスペシウム光線《こうせん》に関《かん》して同《おな》じ質問《しつもん》を受《う》けたことはないから、これは「かめはめ波《は》は自分《じぶん》にもできそうな気《き》がする技《わざ》」ということだろう。

その気持《きも》ち は、もちろん筆者《ひっしゃ》にもよくわかる。作品中《さくひんちゅう》、かめはめ波《は》は「気《き》」のエネルギーを凝《ぎょう》

縮《しゅく》して一気《いっき》に打《う》ち出《だ》す技《わざ》と説明《せつめい》されている。やる気《き》や元気《げんき》や弱気《よわき》など、「気《き》」は誰《だれ》もが持《も》っているから、体力《たいりょく》や技術《ぎじゅつ》はなくても、精神力《せいしんりょく》でなんとかなりそうな気《き》がするではないか。

ただし、この「気《き》」というヤツは、存在《そんざい》が確認《かくにん》されたわけでも定義《ていぎ》が明確《めいかく》なわけでもないので、科学《かがく》では扱《あつか》えない。そこで、本稿《ほんこう》では「気《き》」とは「体内《たいない》のエネルギー」のことと考《かんが》えて話《はなし》を進《すす》めたい。その場合《ばあい》、一般《いっぱん》の人間《にんげん》は、どうすればかめはめ波《は》を撃《う》つことができるのだろうか。

◆意外《いがい》とすごい人間《にんげん》の体内《たいない》エネルギー

ここでは、天下一武道会《てんかいちぶどうかい》の決勝戦《けっしょうせん》で、孫悟空《そんごくう》がピッコロ大魔王《だいまおう》に撃《う》ったかめはめ波《は》を例《れい》に考《かんが》えてみよう。悟空《ごくう》はかめはめ波《は》を空中《くうちゅう》から放《はな》ち、岩《いわ》でできた武闘場《ぶとうじょう》・武舞台《ぶぶたい》を破壊《はかい》して、直径《ちょっけい》10m、深《ふか》さ3mほどのクレーターを作《つく》った。

岩《いわ》をこのような規模《きぼ》と形《かたち》で破壊《はかい》したことから計算《けいさん》すると、このときのかめはめ波《は》は、爆薬《ばくやく》26kgのエネルギーを持《も》っていたことになる。

それほどのエネルギーが人間《にんげん》の体内《たいない》にあるのか？

ある！　体重《たいじゅう》50kg、体脂肪率《たいしぼうりつ》20％の人《ひと》の体《からだ》には、10kgの体脂肪《たいしぼう》がある。脂肪《しぼう》1gには9キロカロリーのエネルギーが含《ふく》まれるから、10kgなら9万《まん》キロカロリー。一方《いっぽう》、爆薬《ばくやく》26kgを熱量《ねつりょう》の単位《たんい》で表《あらわ》すと、2万《まん》6千《せん》キロカロリー。つまり人間《にんげん》は誰《だれ》でも、前述《ぜんじゅつ》のようなかめはめ波《は》なら3発《ぱつ》は放《はな》てるくらいのエネルギーを持《も》っているのだ。

問題《もんだい》は、どうすればそのエネルギーを武器《ぶき》にできるか、だ。かめはめ波《は》は両手《りょうて》のあいだにエネルギーを溜《た》め、それを相手《あいて》にぶつけている。つまり、まずは手《て》のひらのあいだに、体内《たいない》のエネルギーを溜《た》める必要《ひつよう》があるわけだ。

実《じつ》は人間《にんげん》の体《からだ》からは、常《つね》にエネルギーが放出《ほうしゅつ》されている。人間《にんげん》は、1日《にち》におよそ2千《せん》キロカロリーのエネルギーを食《た》べものから摂《と》る。そのうち半分《はんぶん》は生《い》きるのに使《つか》われ、残《のこ》り半分《はんぶん》の1千《せん》キロカロリーが熱《ねつ》となって、体《からだ》の外《そと》に出《だ》される。常《つね》に放出《ほうしゅつ》されているエネルギーとは、この1日《にち》あたり1千《せん》キロカロリーの熱《ねつ》のことだ。手《て》のひらの面積《めんせき》は、両手《りょうて》で体《からだ》の表面積《ひょうめんせき》の50分《ぶん》の1ほどだから、左右《さゆう》の手《て》のひらからは1日《にち》に合《あ》わせて20キロカロリーの熱《ねつ》が出《で》ている計算《けいさん》になる。

だったら、話《はなし》は簡単《かんたん》だ。両手《りょうて》を丸《まる》くしてぴったり合《あ》わせ、この熱《ねつ》を手《て》のひらのあいだの空気《くうき》に溜《た》めればいい！

では、どのくらいの時間《じかん》がかかるのだろうか。目標《もくひょう》は2万《まん》6千《せん》キロカロリー。1日《にち》に20キロカロリーずつ溜《た》めていくと……、えええッ!?　1300日《にち》＝3年《ねん》7ヵ月《げつ》もかかるの!?

う〜む、なかなか長《なが》いな。小学《しょうがく》6年生《ねんせい》のお正月《しょうがつ》に溜《た》め始《はじ》めた場合《ばあい》、3年《ねん》7ヵ月《げつ》経《た》ったら高校《こうこう》1

年生《ねんせい》の夏《なつ》になってしまう。そのあいだ、学校《がっこう》でも家《いえ》でも、ず〜っと手《て》のひらを向《む》かい合《あ》わせにしたまま。中学《ちゅうがく》の3年間《ねんかん》、鉛筆《えんぴつ》も持《も》てないので、宿題《しゅくだい》も部活《ぶかつ》もできないし、学校《がっこう》のテストも受《う》けられるかどうか……。

◆3年《ねん》7ヵ月《げつ》の修行《しゅぎょう》の成果《せいか》は!?

いやいや、勉強《べんきょう》も部活《ぶかつ》もその他《ほか》いろいろな楽《たの》しみも封印《ふういん》して、オレは中学《ちゅうがく》3年間《ねんかん》をかめはめ波《は》に捧《ささ》げるぞ！と思《おも》う熱《あつ》い心《こころ》の持《も》ち主《ぬし》もいるだろう。確《たし》かに、高校《こうこう》1年生《ねんせい》が本当《ほんとう》にかめはめ波《は》を放《はな》ち、直径《ちょっけい》10m、深《ふか》さ3mものクレーターを作《つく》ったら、一躍《いちやく》ヒーローになれる。中学《ちゅうがく》3年間《ねんかん》の地味《じみ》な日々《ひび》を補《おぎな》って余《あま》りある幸《しあわ》せが、ドミノ倒《たお》しのように押《お》し寄《よ》せてくるかもしれない。

だが、話《はなし》はそう簡単《かんたん》ではない。実《じつ》は、先《さき》ほどの「20キロカロリー×1300日《にち》」は、それだけのエネルギーを蓄積《ちくせき》できるとするならば、という仮定《かてい》の話《はなし》なのだ。すいません。

熱《ねつ》のエネルギーは、自然《しぜん》のままでは、温度《おんど》の低《ひく》いほうから高《たか》いほうへは移《うつ》らない。両手《りょうて》を合《あ》わせてかめはめ波《は》のエネルギーを溜《た》める場合《ばあい》も、手《て》のひらのあいだの空気《くうき》は、初《はじ》めのうちは温度《おんど》が上《あ》がっていくが、体温《たいおん》と同《おな》じになったら、それ以上《いじょう》には上《あ》がらなくなる。36・5℃という温度《おんど》の手《て》のひらが、空気《くうき》をそれ以上《いじょう》の温度《おんど》に上昇《じょうしょう》させることはできないのだ。両手《りょうて》をどれだけ長《なが》く合《あ》わ

せていようと、空気《くうき》の温度《おんど》は36・5℃のまま！

こうして作《つく》ったかめはめ波《は》の威力《いりょく》は、悲《かな》しいまでに小《ちい》さい。手《て》のひらのあいだの空気《くうき》が直径《ちょっけい》10㎝の球《きゅう》だとすると、溜《た》められるエネルギーは、2カロリー。これは、1gの水《みず》の温度《おんど》を2℃上《あ》げるエネルギーでしかない。3年《ねん》7ヵ月《げつ》の苦行《くぎょう》に耐《た》え、いよいよ敵《てき》に「か〜め〜は〜め〜波《は》〜ッ！」とぶつけたところで、相手《あいて》はホワッとかすかな温《あたた》かみを感《かん》じるだけ。寒《さむ》い季節《きせつ》だったら、むしろ喜《よろこ》ばれるだろう。うーむ、青春《せいしゅん》のすべてを賭《か》けてこの結果《けっか》とは、あまりに残念《ざんねん》、モノスゴク無念《むねん》……。

では、どうすればいいのか。筆者《ひっしゃ》は前々《ぜんぜん》ページに「熱《ねつ》のエネルギーは、自然《しぜん》のままでは、温度《おんど》の低《ひく》いほうから高《たか》いほうへは移《うつ》らない」と書《か》いた。注目《ちゅうもく》してほしいのは「自然《しぜん》のままでは」というところ。自然《しぜん》のままでなければ、つまり人工的《じんこうてき》に何《なに》かをすれば、熱《ねつ》を温度《おんど》の低《ひく》いほうから高《たか》いほうに移《うつ》すことも可能《かのう》なのだ。

たとえば冷房《れいぼう》である。この機械《きかい》が室内《しつない》を涼《すず》しくしてくれるのは、電力《でんりょく》を使《つか》って、温度《おんど》の低《ひく》い室内《しつない》から、温度《おんど》の高《たか》い屋外《おくがい》に、熱《ねつ》を移動《いどう》させているからだ。そのような装置《そうち》を「ヒートポンプ」という。移動《いどう》させる熱《ねつ》が電力《でんりょく》を直接使《ちょくせつつか》って発生《はっせい》させる熱《ねつ》より多《おお》いので、冷蔵庫《れいぞうこ》、暖房《だんぼう》、温水器《おんすいき》など、いろんな機械《きかい》に使《つか》われている。

現在《げんざい》はまだ作《つく》られていないが、性能《せいのう》のいいヒートポンプのついた手袋《てぶくろ》が開発《かいはつ》されれば、温度《おんど》の低《ひく》い手《て》のひらから、温度《おんど》の高《たか》い空気《くうき》に熱《ねつ》を移《うつ》すことができるだろう。それはすなわち、かめはめ波《は》が撃《う》てるということだ。

◆うおっ、手《て》のひらで大爆発《だいばくはつ》が！

そんな日《ひ》がきて、実際《じっさい》にかめはめ波《は》を撃《う》つとしたら、いくつか注意《ちゅうい》してほしいことがある。

手《て》のひらのあいだの空気《くうき》に熱《ねっ》を溜《た》めていくと、空気《くうき》は温度《おんど》が上《あ》がり、膨張《ぼうちょう》しようとする。2万《まん》6千《せん》キロカロリーが溜《た》まったとき、温度《おんど》は2億《おく》4千万《せんまん》℃、膨張《ぼうちょう》しようとする力《ちから》は6万《まん》7千《せん》t。これを腕力《わんりょく》と根性《こんじょう》と気合《きあい》で抑《おさ》え込《こ》まねばならない。猛烈《もうれつ》に大変《たいへん》だと思《おも》うが、途中《とちゅう》であきらめてしまったらそこでおしまいだから、ガンバロウ！

そして、いよいよ相手《あいて》に向《む》かって「かめはめ波《は》！」と手《て》を突《つ》き出《だ》すと、6万《まん》7千《せん》tの圧縮力《あっしゅくりょく》から解放《かいほう》された空気《くうき》は、爆発的《ばくはつてき》に膨張《ぼうちょう》！　つまり、自分《じぶん》の手元《てもと》で大爆発《だいばくはつ》が起《お》こる。爆風《ばくふう》は全方位《ぜんほうい》に広《ひろ》がるから、敵《てき》もやられるが、自分《じぶん》もただでは済《す》まない。いや、爆心《ばくしん》に近《ちか》い分《ぶん》だけ、敵《てき》よりも先《さき》に、敵《てき》よりもひどくやられることになる。3年《ねん》7ヵ月《げつ》をかけて放《はな》った必殺技《ひっさつわざ》で自分《じぶん》が瀕死《ひんし》……。これもぜひとも避《さ》けたい事態《じたい》だ。

うーむ、なかなか難題《なんだい》が多《おお》いな、かめはめ波《は》。2億《おく》4千万《せんまん》℃に耐《た》えるヒートポンプつきの手袋《てぶくろ》が開発《かいはつ》され、空気《くうき》の膨張《ぼうちょう》を抑《おさ》える6万《まん》7千《せん》tの腕力《わんりょく》を有《ゆう》したうえで、それを敵《てき》にぶつける手段《しゅだん》が必要《ひつよう》……。だが、ここまで問題点《もんだいてん》が絞《しぼ》り込《こ》まれているのだから、かめはめ波《は》はいつか必《かなら》ず実現《じつげん》できるに違《ちが》いない。さあ、その日《ひ》を待《ま》ちながら腕力《わんりょく》を鍛《きた》えよう。

とっても気《き》になるアニメの疑問《ぎもん》

『ドラえもん』のタケコプターがあれば実際《じっさい》に空《そら》を飛《と》ぶことができますか？

頭《あたま》に小《ちい》さなプロペラをつけて、空《そら》を飛《と》ぶ。タケコプターは『ドラえもん』のひみつ道具《どうぐ》のなかでも、最《もっと》もポピュラーで便利《べんり》そうなアイテムである。

現実《げんじつ》の世界《せかい》では、竹《たけ》トンボもヘリコプターも飛《と》んでいる。するとタケコプターだって飛《と》べそうな気《き》がするが、どういうわけか実際《じっさい》にタケコプターが開発《かいはつ》されたという話《はなし》は聞《き》かない。なぜだろうか。タケコプターには、何《なに》か大《おお》きな問題《もんだい》があるとでもいうのだろうか？

本稿《ほんこう》では、タケコプターの科学的《かがくてき》な問題点《もんだいてん》について考《かんが》えてみたい。あんなに楽《たの》しそうな道具《どうぐ》なのだから、ぜひとも実現《じつげん》させたいではないか。

◆タケコプターの問題点《もんだいてん》とは?

タケコプターとヘリコプターの明《あき》らかな違《ちが》いは、プロペラの大《おお》きさだ。ヘリコプターには、機《き》体《たい》よりずっと大《おお》きなプロペラ(正《ただ》しくはローターという)がついている。これに対《たい》してタケコプターのプロペラはドラえもんの頭《あたま》より小《ちい》さく、直径《ちょっけい》20㎝ぐらいしかない!

これによって、科学的《かがくてき》に大《おお》きな問題《もんだい》が2つ発生《はっせい》する。一《ひと》つは、プロペラが物《もの》を持《も》ち上《あ》げる力《ちから》は、回転数《かいてんすう》の2乗《じょう》(同《おな》じ数《かず》を2つかけたもの)と直径《ちょっけい》の4乗《じょう》に比例《ひれい》するため、直径《ちょっけい》の小《ちい》さなプロペラは、ものすごく速《はや》く回《まわ》さねばならないこと。もう一《ひと》つは、せっかくプロペラが起《お》こした風《かぜ》が、自分《じぶん》の頭《あたま》を直撃《ちょくげき》することだ。

ドラえもんの頭《あたま》が大《おお》きいことを考《かんが》えれば、特《とく》に2つめの問題《もんだい》が深刻《しんこく》である。飛《と》ぼうとするタケコプターは、当然《とうぜん》ドラえもんの頭《あたま》を持《も》ち上《あ》げようとする。ところが、ドラえもんの頭《あたま》はプロペラよりもずっと大《おお》きいため、プロペラが起《お》こした風《かぜ》はほとんど頭《あたま》に当《あ》たって、頭《あたま》を下《した》に押《お》しつけようとする。つまりドラえもんの頭《あたま》は、持《も》ち上《あ》げる力《ちから》と押《お》し下《さ》げる力《ちから》、矛盾《むじゅん》する2つの力《ちから》を受《う》けてしまうのだ。

飛《と》ぶのに役立《やくだ》つのは、頭《あたま》の周辺《しゅうへん》からわずかに漏《も》れる風《かぜ》だけである。漏《も》れる風《かぜ》が全体《ぜんたい》の10%だと仮定《かてい》すると、体重《たいじゅう》129・3㎏のドラえもんが飛《と》ぶためには、プロペラは1293㎏の力《ちから》を出《だ》さねばならない。その90％にあたる1163・7kgが頭《あたま》を押《お》さえつけ、差《さ》し引《ひ》き129・3kgがドラえもんの体《からだ》を持《も》ち上《あ》げることになる。

すると、どうなるか？　頭《あたま》の周辺《しゅうへん》は1163・7kgもの力《ちから》で押《お》さえつけられているのに、タケコプターの軸《じく》が接合《せつごう》している頭頂部《とうちょうぶ》だけが、それを上回《うわまわ》る1293kgもの力《ちから》で引《ひ》っ張《ぱ》り上《あ》げられるのだ。

これはキツイ。てっぺんだけを引《ひ》っ張《ぱ》られたドラえもんの頭《あたま》は、むにょーんと水滴《すいてき》のような形《かたち》に変形《へんけい》するだろう。場合《ばあい》によっては、ドラえもんの頭《あたま》にはヒビが入《はい》り、やがてミカンを剥《む》いたかのように頭皮《とうひ》がはがれ、タケコプターといっしょに飛《と》んでいくかもしれない。うひ〜、怖《こわ》い〜。

◆デカコプターかミニコプターか

現状《げんじょう》のタケコプターで空《そら》を飛《と》ぶのは難《むずか》しそうだが、タケコプターは筆者《ひっしゃ》にとっても子《こ》どもの頃《ころ》からの夢《ゆめ》。なんとか実現《じつげん》する方法《ほうほう》を考《かんが》えよう。

頭《あたま》に風《かぜ》を当《あ》てないためには、ヘリコプターのようにプロペラを大《おお》きくすればよい。プロペラは外側《そとがわ》ほど速《はや》く動《うご》き、強《つよ》い風《かぜ》を起《お》こす。プロペラが大《おお》きければ、その風《かぜ》は体《からだ》の横《よこ》をすり抜《ぬ》けて、頭《あたま》には当《あ》たらないからだ。

どれほどの大《おお》きさなら飛《と》べるのか。プロペラは、先端《せんたん》の速度《そくど》が音速《おんそく》（気温《きおん》15℃のとき、秒速《びょうそく》３４０ｍ）に近《ちか》づくと、持《も》ち上《あ》げる力《ちから》が弱《よわ》くなってしまう。ここでは先端《せんたん》の速度《そくど》を音速《おんそく》の90％に抑《おさ》えるとしよう。これでドラえもんの体重《たいじゅう》１２９・３kgを支《ささ》えるには、直径《ちょっけい》２ｍのプロペラが必要《ひつよう》だ。デカイ。回《まわ》っているところを見《み》たら、ビーチパラソルのように見《み》えるだろう。

　そんなに大《おお》きなモノがタケコプターと呼《よ》べるのか、という気《き》もするが、外見《がいけん》だけの問題《もんだい》ではない。キャスターつきの椅子《いす》に座《すわ》って机《つくえ》を押《お》すと、自分《じぶん》が椅子《いす》ごと後《うし》ろに行《い》くように、物体《ぶったい》に力《ちから》を加《くわ》えれば、作用《さよう》・反作用《はんさよう》の法則《ほうそく》で、自分《じぶん》にも同《おな》じ力《ちから》が返《かえ》ってくる。それは回転運動《かいてんうんどう》でも同《おな》じだ。頭《あたま》にプロペラをつけて回《まわ》すと、自分《じぶん》は逆回転《ぎゃくかいてん》することになり、回転《かいてん》の勢《いきお》いは、プロペラが大《おお》きくなるほど激《はげ》しくなる。

直径《ちょっけい》が2mのプロペラとなると、重《おも》さも2kgはあるだろう。その先端《せんたん》を音速《おんそく》の90%で回《まわ》すとき、プロペラは毎秒《まいびょう》47回転《かいてん》することになる。ドラえもんがこれを頭《あたま》につけると、毎秒《まいびょう》4・7回《かい》の逆回《ぎゃくかい》転《てん》。うえ〜っ、これは目《め》が回《まわ》る〜!

この問題《もんだい》を解決《かいけつ》するために、やはりタケコプターの大《おお》きさは現状《げんじょう》のままとしよう。ただし、1本《ぽん》のプロペラが出《だ》せる力《ちから》は弱《よわ》いから、たくさんつけるのだ。直径《ちょっけい》20cmのプロペラ1本《ぽん》で支《ささ》えられる重量《じゅうりょう》は1・2kg。すると129・3kgのドラえもんが体《からだ》につけるべきタケコプターは108個《こ》!

これは頭《あたま》だけではとても無理《むり》で、腹《はら》ばいになって両手《りょうて》両足《りょうあし》、背中《せなか》、尻《しり》にもつけるしかない。逆《ぎゃく》回転《かいてん》するタケコプターを顔《かお》やお腹《なか》にもつけたほうがいいかも。全身《ぜんしん》タケコプターだらけで、あたかもハリネズミ。あんまりカッコよくはありませんな。

しかし作品中《さくひんちゅう》のドラえもんは、たった1本《ぽん》の小《ちい》さなタケコプターで、のんびり空《そら》を飛《と》んでいる。22世紀《せいき》の科学《かがく》には、驚《おどろ》くばかりだ。

とっても気《き》になるアニメの疑問《ぎもん》

『サザエさん』の終《お》わりの歌《うた》で、一家《いっか》が飛《と》び込《こ》んだ山小屋《やまごや》が伸《の》びたり縮《ちぢ》んだりします。何《なに》が起《お》こっているのでしょうか？

『サザエさん』は1969年《ねん》から放送《ほうそう》されている日本最長《にほんさいちょう》のテレビアニメである。放送回数《ほうそうかいすう》は2千回《せんかい》を超《こ》えているから、そのエンディングを見《み》たことのない人《ひと》のほうが少《すく》ないだろう。

その歌《うた》の最後《さいご》のところで、場面《ばめん》は磯野家《いそのけ》のハイキングに切《き》り替《か》わる。一列《いちれつ》になって山小屋《やまごや》を目《め》指《ざ》して歩《ある》く一家《いっか》7人《にん》。サザエさん、ワカメちゃん、カツオくん、波平《なみへい》さん、フネさん、タラちゃんを肩車《かたぐるま》したマスオさんの順《じゅん》だ。膝《ひざ》をあまり曲《ま》げない独得《どくとく》の歩《ある》き方《かた》でチャカチャカ進《すす》む。

ところが、山小屋《やまごや》に近《ちか》づくと、突然《とつぜん》1人《ひとり》ずつ、バビュン、バビュン、バビュンと飛《と》び込《こ》んでいくのだ。すると、山小屋《やまごや》は伸《の》びたり縮《ちぢ》んだり伸《の》びたり縮《ちぢ》んだり……。

これは驚《おどろ》くべき現象《げんしょう》だ。筆者《ひっしゃ》も長《なが》く人間《にんげん》をやっているが、現実世界《げんじつせかい》で家《いえ》が伸《の》び縮《ちぢ》みする光景《こうけい》など、見《み》たこともない。あの山小屋《やまごや》ではいったい何《なに》が起《お》こっているのか？　本稿《ほんこう》では、40年《ねん》以上《いじょう》にわたって日本人《にほんじん》が目撃《もくげき》してきた「伸縮《しんしゅく》する山小屋《やまごや》」の謎《なぞ》を考《かんが》えよう。

◆飛《と》び込《こ》んだスピードを計算《けいさん》する

この謎《なぞ》を解明《かいめい》するために、筆者《ひっしゃ》は『サザエさん』のエンディングを録画《ろくが》し、コマ送《おく》りや一時停止《いちじていし》を駆使《くし》しながら、山小屋《やまごや》の伸縮状況《しんしゅくじょうきょう》を測定《そくてい》してみた。

山小屋《やまごや》がいちばん伸《の》びるのは、最後《さいご》のひと伸《の》びだ。右上《みぎうえ》に向《む》かって、ぐいーんとカーブを描《えが》いて伸《の》びている。画面《がめん》に定規《じょうぎ》を当《あ》てて計算《けいさん》すると、その伸《の》び率《りつ》はなんと33％だった。

この時点《じてん》で、一見木造《いっけんもくぞう》に見《み》えるこの山小屋《やまごや》が、実《じつ》は木《き》でできていないことが明白《めいはく》だ。木材《もくざい》も力《ちから》を受《う》ければわずかに伸《の》びる。しかしその伸《の》び率《りつ》は本当《ほんとう》にわずかなもので、どんなによく伸《の》びる木材《もくざい》でも、０・１％以上《いじょう》伸《の》ばすと破断《はだん》(折《お》れたり壊《こわ》れたりすること)する。33％も伸《の》ばして元《もと》に戻《もど》る材料《ざいりょう》といえば、ゴムしかない。この有名《ゆうめい》な山小屋《やまごや》は、世《よ》にも珍《めずら》しいゴム造《ぞう》だったのだ。だったら、磯野一家《いそのいっか》が飛《と》び込《こ》んだエネルギーで、伸《の》びたり縮《ちぢ》んだりすることもあるだろう。

では、サザエさんたちは具体的《ぐたいてき》にどれほどの勢《いきお》いで飛《と》び込《こ》んだのか？

これを知《し》るには、いくつかのデータが必要《ひつよう》だ。まず、山小屋《やまごや》が最大限《さいだいげん》に伸《の》びてから元《もと》に戻《もど》るまでの時間《じかん》。これを計《はか》ると、０・１７秒《びょう》だった。山小屋《やまごや》のような重《おも》いゴムが伸《の》びて、こんなに短時間《たんじかん》で元《もと》に戻《もど》ったということは、弾力性《だんりょくせい》が相当強《そうとうつよ》いということだ。

次《つぎ》に山小屋《やまごや》の重《おも》さ。こちらは、知《し》り合《あ》いの大工《だいく》さんに、これを作《つく》るのに必要《ひつよう》な木材《もくざい》の量《りょう》を見積《みつ》もってもらい、ゴムに置《お》き換《か》えて求《もと》めた。結果《けっか》は２・１ｔであった。

２・１ｔのゴムが伸《の》びて、０・１７秒《びょう》で元《もと》に戻《もど》るところから、ゴムの弾力性《だんりょくせい》がわかる。それが33％も伸《の》びた点《てん》から、柱《はしら》と壁《かべ》に分《わ》けて計算《けいさん》すると、この磯野一家《いそのいっか》７人《にん》が山小屋《やまごや》に与《あた》えたエネルギーも求《もと》められる。

７人《にん》の年齢《ねんれい》を調《しら》べると、サザエ24歳《さい》、ワカメ９歳《さい》、カツオ11歳《さい》、波平《なみへい》54歳《さい》、フネ50ウン歳、マスオ28歳《さい》、タラちゃん３歳《さい》だという。７人《にん》の体重《たいじゅう》が、それぞれの年齢《ねんれい》・性別《せいべつ》の平均《へいきん》と同《おな》じだとすると、合計《ごうけい》３２６kg。これが飛《と》び込《こ》むことによって、右《みぎ》のエネルギーを与《あた》えるための速度《そくど》とは、なんと時速《じそく》１３０kmである！　これはすごい。在来線特急電車《ざいらいせんとっきゅうでんしゃ》なみのスピードだ。

彼《かれ》らの１００ｍ走《そう》のタイムを計算《けいさん》すると、２秒《びょう》８。肩車《かたぐるま》されているタラちゃんの実力《じつりょく》はわからないが、この一家《いっか》、誰《だれ》が出《で》てもオリンピックで金《きん》メダルが取《と》れるのだ。こんなスピードで追《お》いかけられたら、お魚《さかな》くわえたドラネコも、さぞかし怖《こわ》かったに違《ちが》いない。

◆山小屋《やまごや》の中《なか》はどんなコトに!?

それにしても、時速《じそく》130kmで山小屋《やまごや》に飛《と》び込《こ》むとは危険《きけん》な行為《こうい》である。学校《がっこう》でも廊下《ろうか》を走《はし》ることは禁《きん》じられているが、比較《ひかく》にならない危《あぶ》なさだ。しかも彼《かれ》らは、1人《ひとり》ずつバビュン、バビュン、バビュンと飛《と》び込《こ》んでいる。こういうことをするとどうなるか、具体的《ぐたいてき》に考《かんが》えてみよう。

いちばん最初《さいしょ》に飛《と》び込《こ》むのはサザエさんだ。時速《じそく》130kmものスピードだから、当然止《とうぜんと》まり切《き》れず、入口《いりぐち》と反対側《はんたいがわ》の壁《かべ》にぶつかるだろう。もし、山小屋《やまごや》が鉄筋《てっきん》コンクリート造《ぞう》や木造《もくぞう》だったら、ここでサザエさんはお亡《な》くなりになっても不思議《ふしぎ》ではなかった。

だが幸《さいわ》いなことに、この山小屋《やまごや》はゴム造《ぞう》だ。ゴムの壁《かべ》はサザエさんを柔《やわ》らか〜く受《う》け止《と》めてくれるに違《ちが》いない。ああ、よかった！　などと油断《ゆだん》している場合《ばあい》ではない。ゴム造《ぞう》であるがゆえに、同《おな》じスピードでサザエさんを跳《は》ね返《かえ》すのだ。そこへ、2番手《ばんて》のワカメが時速《じそく》130kmで突《つ》っ込《こ》んでくる！

ワカメから見《み》れば、年《とし》の離《はな》れた姉《あね》の背中《せなか》が時速《じそく》130kmで迫《せま》ってくる。いや、自分《じぶん》も時速《じそく》130kmで突進中《とっしんちゅう》だから、2人《ふたり》の速度差《そくどさ》は時速《じそく》260km！　そんな猛《もう》スピードでぶつかったのでは、とても無事《ぶじ》では済《す》むまい。ドバーンとぶつかってお互《たが》いに瀕死《ひんし》の重傷《じゅうしょう》を負《お》ってフラフラになっているところへ、今度《こんど》はカツオがドゴーン！　波平《なみへい》さんがゴキーン！　フネさんがボコーン！　マ

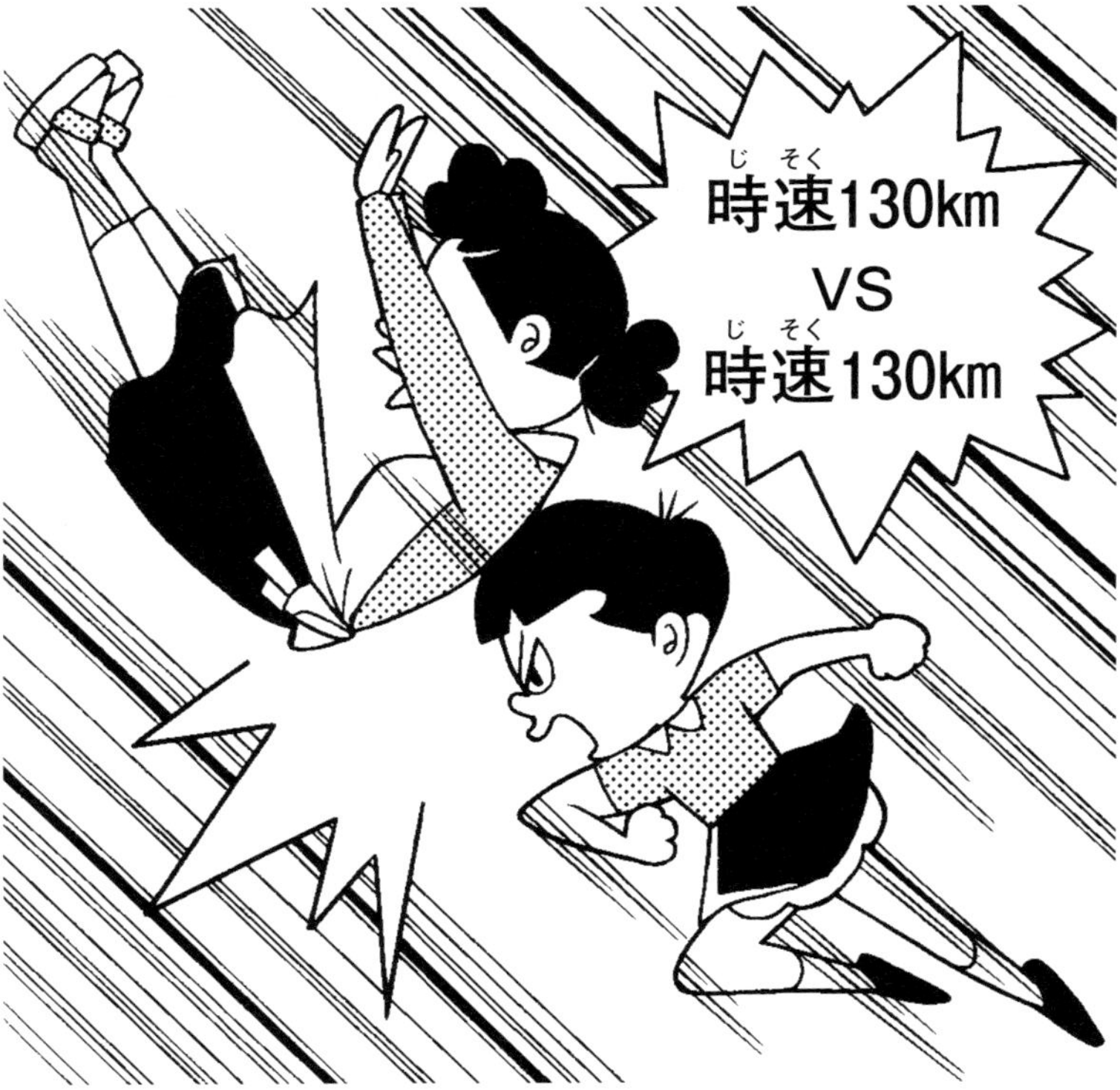

スオさんとタラちゃんがドンガラガッシャーン！
　最後《さいご》にこの山小屋《やまごや》は、軽《かろ》やかな音楽《おんがく》とともに静《しず》かになる。その静《しず》けさが、逆《ぎゃく》に怖《こわ》い。小屋《こや》の中《なか》は、どれほどの惨状《さんじょう》を呈《てい》していたことか……。国民的《こくみんてき》アニメのエンディングを科学的《かがくてき》に考《かんが》えると、こんな行為《こうい》が数十年《すうじゅうねん》にわたって放送《ほうそう》されていることになってしまった。ぞ〜っ。

とっても気《き》になるマンガの疑問《ぎもん》

『名探偵《めいたんてい》コナン』のコナンは高校生《こうこうせい》から小学生《しょうがくせい》になりました。そんなことが起《お》こり得《え》ますか？

『名探偵《めいたんてい》コナン』は、不思議《ふしぎ》な事件《じけん》から始《はじ》まった。高校《こうこう》2年生《ねんせい》の工藤新一《くどうしんいち》が、悪《あく》の組織《そしき》に「アポトキシン4869」という薬《くすり》を飲《の》まされ、なんと小学《しょうがく》1年生《ねんせい》の体《からだ》になってしまったのだ！

新一《しんいち》はこの事実《じじつ》を隠《かく》し、小学《しょうがく》1年生《ねんせい》の江戸川《えどがわ》コナンとして生《い》きようと決意《けつい》する。自分《じぶん》が生《い》きていることが悪《あく》の組織《そしき》に知《し》られれば、ガールフレンドの毛利蘭《もうりらん》ちゃんをはじめ、周《まわ》りの人《ひと》たちに危害《きがい》が及《およ》ぶかもしれないからだ。

高《こう》2から小《しょう》1になったということは、17歳《さい》から7歳《さい》、ちょうど10歳《さい》の若返《わかがえ》りである。科学的《かがくてき》に考《かんが》えて、そんなことが起《お》こり得《う》るのだろうか。

◆若返《わかがえ》りは実現《じつげん》できるか？

自然界《しぜんかい》には、逆戻《ぎゃくもど》りができる「可逆現象《かぎゃくげんしょう》」と、逆戻《ぎゃくもど》りができない「不可逆現象《ふかぎゃくげんしょう》」がある。たとえば、水《みず》を沸《わ》かせばお湯《ゆ》になり、お湯《ゆ》を冷《さ》ませば水《みず》になる。これが可逆現象《かぎゃくげんしょう》だ。ところがお湯《ゆ》と水《みず》を混《ま》ぜればぬるま湯《ゆ》になるが、ぬるま湯《ゆ》にどんな操作《そうさ》をしても、水《みず》とお湯《ゆ》に分《わ》けることはできない。これが不可逆現象《ふかぎゃくげんしょう》である。

生物《せいぶつ》の成長《せいちょう》は、不可逆現象《ふかぎゃくげんしょう》の代表《だいひょう》といえるだろう。時間《じかん》の経過《けいか》とともに子《こ》どもは大人《おとな》になり、大人《おとな》は老人《ろうじん》になる。この流《なが》れを薬《くすり》で逆転《ぎゃくてん》させるなど、原理的《げんりてき》に不可能《ふかのう》ではないだろうか。

そう思《おも》いながらも、若返《わかがえ》りの薬《くすり》が本当《ほんとう》にないかを調《しら》べてみたところ、わあっ、あった！

医学《いがく》の世界《せかい》では「リンパ球幼若化検査《きゅうようじゃくかけんさ》」という検査《けんさ》が行《おこな》われているという。リンパ球《きゅう》とは、血液《けつえき》に含《ふく》まれるアメーバのような細胞《さいぼう》で、外《そと》から入《はい》ってきた細菌《さいきん》を食《た》べる。これは「免疫《めんえき》」と呼《よ》ばれる仕組《しく》みの1つだ。リンパ球《きゅう》も、古《ふる》くなるとこの免疫機能《めんえききのう》を失《うしな》うが、ある薬品《やくひん》を投与《とうよ》すると免《めん》疫機能《えききのう》を取《と》り戻《もど》すというのだ。体《からだ》の一部《いちぶ》の細胞《さいぼう》とはいえ、これは明《あき》らかな若返《わかがえ》りといえる。

こうなると、劇中《げきちゅう》のアポトキシン４８６９も、まったくの絵空事《えそらごと》とはいえなくなってくる。この薬品《やくひん》は『名探偵《めいたんてい》コナン大事典《だいじてん》』(小学館《しょうがくかん》)で、次《つぎ》のように説明《せつめい》されている。

「細胞《さいぼう》の自己破壊《じこはかい》プログラムの偶発的《ぐうはつてき》な作用《さよう》により、神経組織《しんけいそしき》を除《のぞ》いた骨格《こっかく》、筋肉《きんにく》、内臓《ないぞう》、体毛《たいもう》のすべての細胞《さいぼう》を、幼児期《ようじき》のころにまで後退化《こうたいか》させる」。なるほど、細胞《さいぼう》の自己破壊《じこはかい》プログラム。これは現実世界《げんじつせかい》でも確認《かくにん》されている現象《げんしょう》で、その名《な》も「アポトーシス」と呼《よ》ばれる。

生物《せいぶつ》の細胞《さいぼう》は、一定《いってい》の時期《じき》がくると急《きゅう》に縮《ちぢ》んで、細胞《さいぼう》の核《かく》がバラバラになって死《し》んでいく。これは悲《かな》しむべき現象《げんしょう》ではなく、生物《せいぶつ》の成長《せいちょう》に不可欠《ふかけつ》のものだ。たとえば、オタマジャクシがカエルになると、シッポがなくなる。人間《にんげん》も胎内《たいない》の赤《あか》ちゃんは、初《はじ》めはシッポがあり、手《て》のひらに水《みず》かきがついているが、生《う》まれるまでに消失《しょうしつ》する。これらは、アポトーシスのおかげである。

ここから考《かんが》えると、アポトキシン4869は、おそらく次《つぎ》のような2つの働《はたら》きをする薬《くすり》なのだろう。①体《からだ》を作《つく》る細胞《さいぼう》の一部《いちぶ》をアポトーシスで消失《しょうしつ》させる(それによって、コナンの体《からだ》は小《ちい》さくなった)。②リンパ球幼若化検査《きゅうようじゃくかけんさ》で使《つか》われる薬《くすり》のように、残《のこ》りの細胞《さいぼう》を若返《わかがえ》らせる(それにより、高《こう》2の細胞《さいぼう》が小《しょう》1の細胞《さいぼう》に若返《わかがえ》った)。

◆小《しょう》1ライフを満喫《まんきつ》しよう！

アポトキシン4869が新一《しんいち》の体《からだ》に起《お》こした作用《さよう》を、具体的《ぐたいてき》に見《み》てみよう。

2011年《ねん》の調査《ちょうさ》では、高《こう》2男子《だんし》の平均体重《へいきんたいじゅう》は61・3kg、小《しょう》1男子《だんし》が21・3kg。新一《しんいち》とコナン

の体重《たいじゅう》がこれと同《おな》じだとすると、体《からだ》を作《つく》る細胞《さいぼう》のうち、40kgがアポトーシスを起《お》こし、残《のこ》りの21・3kgが若返《わかがえ》ったと思《おも》われる。

この場合《ばあい》、気《き》になるのは、アポトーシスを起《お》こした40kgもの細胞《さいぼう》は、その後《ご》どうなったのか、という問題《もんだい》だ。人間《にんげん》が生《い》きている限《かぎ》り、死《し》んだ細胞《さいぼう》は新陳代謝《しんちんたいしゃ》によって、老廃物《ろうはいぶつ》として体外《たいがい》に排出《はいしゅつ》される。一般《いっぱん》に、垢《あか》や大便《だいべん》と呼《よ》ばれるものだ。40kgの細胞《さいぼう》が死《し》んでしまったコナンくんの周囲《しゅうい》には、これらの老廃物《ろうはいぶつ》がテンコ盛《も》りになっていたカモ……。

あんまりリアルに想像《そうぞう》すると脳裏《のうり》にスゴイものが浮《う》かぶので、その先《さき》を考《かんが》えよう。

小《ちい》さくなった新一《しんいち》は、江戸川《えどがわ》コナンと名乗《なの》って、帝丹小学校《ていたんしょうがっこう》1年《ねん》B組《ぐみ》の生徒《せいと》になった。本当《ほんとう》は高校《こうこう》2年生《ねんせい》なのに、小学《しょうがく》1年生《ねんせい》として生《い》きる——。それはどういう日常《にちじょう》だろうか。

たとえば、小学《しょうがく》1年生《ねんせい》の国語《こくご》のテストでは、こんな問題《もんだい》が出《で》る。

つぎの　ことばを　カタカナで　かきなさい。

とんねる（　　　　）

楽勝《らくしょう》だあ！　などと喜《よろこ》んでいる場合《ばあい》ではない。テストがこれなら、授業《じゅぎょう》もこのレベルということだ。一日中《いちにちじゅう》、知《し》っている話《はなし》のオンパレード。だからといって、どんなに退屈《たいくつ》でも居眠《いねむ》りはできない。寝《ね》ているのにテストがいつも100点《てん》だったら「あの小学校《しょうがっこう》には天才《てんさい》がいる」などと噂《うわさ》になり、それをキッカケに正体《しょうたい》がバレて、蘭《らん》ちゃんの身《み》に危険《きけん》が迫《せま》る恐《おそ》れがあるからだ。

新一《しんいち》はとても退屈《たいくつ》な授業《じゅぎょう》を、純真《じゅんしん》な瞳《ひとみ》を輝《かがや》かせて聞《き》く、という難《むずか》しい演技《えんぎ》に徹《てっ》しなければならない。なんとも気《き》の毒《どく》である。

◆このまま時間《じかん》が経《た》つとどうなる？

新一《しんいち》も、こんな状況《じょうきょう》は一日《いちにち》も早《はや》く脱却《だっきゃく》して、元《もと》の姿《すがた》に戻《もど》りたいだろう。だが、元《もと》に戻《もど》りさえすれば幸《しあわ》せになれるとは限《かぎ》らないのが、彼《かれ》の運命《うんめい》の悩《なや》ましいところだ。

新一《しんいち》が元《もと》の姿《すがた》に戻《もど》るには、悪《あく》の組織《そしき》を倒《たお》したうえで、アポトキシン４８６９の秘密《ひみつ》を解《と》き明《あ》かさなければならない。それができたとして、問題《もんだい》はその日《ひ》がいつ訪《おとず》れるかだ。

たとえば、５年後《ねんご》だとしよう。そのときコナンくんは12歳《さい》、蘭《らん》ちゃんは22歳《さい》になっている。もし、高校《こうこう》2年生《ねんせい》に戻《もど》るのなら、新一《しんいち》は蘭《らん》ちゃんの5歳年下《さいとしした》となって人生《じんせい》を再《さい》スタートさせることになる。かといって蘭《らん》ちゃんと同《おな》い年《どし》の22歳《さい》になるとしたら、新一《しんいち》の人生《じんせい》からは17歳《さい》から22歳《さい》という青春真《せいしゅんま》っ盛《さか》りの5年間《ねんかん》がスッポリと抜《ぬ》け落《お》ちてしまう。高校卒業《こうこうそつぎょう》とか、成人式《せいじんしき》とか、その他《た》の甘酸《あまず》っぱい経験《けいけん》とかが一切《いっさい》なし！　これはこれで気《き》の毒《どく》だ。

蘭《らん》ちゃんも、実《じつ》にカワイソウである。コナンくんは新一《しんいち》の幼《おさな》き日《ひ》の姿《すがた》なのだから、アポトキシン４８６９の秘密《ひみつ》を解《と》かなくても、大《おお》きくなるにつれて、だんだん新一《しんいち》に似《に》てくるはずだ。蘭《らん》ちゃんにしてみれば、幼《おさな》い頃《ころ》から世話《せわ》をしてきた少年《しょうねん》が、日《ひ》に日《ひ》に、かつて行方不明《ゆくえふめい》になったボーイフレンドとウリ二《ふた》つになっていく。嬉《うれ》しいやら、懐《なつ》かしいやら、気味《きみ》が悪《わる》いやら……。

若返《わかがえ》りは、こういう悲劇《ひげき》を呼《よ》ぶ。コナンくんには一日《いちにち》も早《はや》く元《もと》の姿《すがた》に戻《もど》ってほしいが、人間《にんげん》は若返《わかがえ》りができないことを前提《ぜんてい》に、日々《ひび》を精一杯《せいいっぱい》生《い》きるほうがよいのだろうなあ。

とっても気《き》になる絵本《えほん》の疑問《ぎもん》

絵本《えほん》『100まんびきのねこ』には、1兆匹《ちょうひき》の猫《ねこ》が出《で》てきますが、そんなに多《おお》くの猫《ねこ》を飼《か》えますか？

猫《ねこ》が100万匹《まんびき》というだけでびっくりだが、なんとこの絵本《えほん》には1兆匹《ちょうひき》もの猫《ねこ》が出《で》てくるという！ ワンダ・ガアグ作《さく》・いしいももこ訳《やく》『100まんびきのねこ』(福音館書店《ふくいんかんしょてん》)である。

それは、こんなお話《はなし》だ。2人《ふたり》暮《ぐ》らしのおじいさんとおばあさんが、猫《ねこ》の1匹《ぴき》でもいれば寂《さび》しくないだろうと話《はな》し合《あ》い、おじいさんが猫《ねこ》を探《さが》しにいくことになった。おじいさんが歩《ある》いていくと、猫《ねこ》でいっぱいになっている丘《おか》に出《で》た。猫《ねこ》を数《かぞ》えると、100匹《ぴき》、1千匹《せんびき》、1万匹《まんびき》、100万匹《まんびき》、1億匹《おくひき》、1兆匹《ちょうひき》……！

おじいさんは、いちばんきれいな猫《ねこ》を連《つ》れて帰《かえ》ろうと思《おも》ったのだが、選《えら》びきれずに猫《ねこ》をすべて

連《つ》れて帰《かえ》ってきてしまう。おばあさんは困《こま》って「こんなにたくさんのねこに、ごはんはやれませんよ」。さて、2人《り》はこのあと、1兆匹《ちょうひき》の猫《ねこ》をどうするのだろうか……？

◆そんな丘《おか》が、どこにあるんだろう？

お話《はなし》の続《つづ》きは、ぜひ絵本《えほん》を読《よ》んでもらうとして(面白《おもしろ》いよ！)、ここでは1兆匹《ちょうひき》の猫《ねこ》について考《かんが》えたい。

1兆匹《ちょうひき》を算用数字《さんようすうじ》で書《か》けば、1000000000000匹《ひき》。これはもう大変《たいへん》な数《かず》である。たとえば1秒《びょう》に10匹《ぴき》という猛《もう》スピードで数《かぞ》えていっても、3200年《ねん》もかかるのだ。

おじいさんはこれだけの猫《ねこ》を「1匹《ぴき》を選《えら》べない」との理由《りゆう》で、すべて連《つ》れ帰《かえ》ったという。あまりにも優柔不断《ゆうじゅうふだん》であり、おばあさんは本当《ほんとう》に困《こま》っただろう。よく離婚話《りこんばなし》に発展《はってん》しなかったなあ。

そもそも、これだけの猫《ねこ》がいた丘《おか》とはどんなところだったのか。1兆匹《ちょうひき》の猫《ねこ》が結集《けっしゅう》するためには、どれくらいの土地《とち》が必要《ひつよう》かを考《かんが》えてみよう。

1兆匹《ちょうひき》の猫《ねこ》が縦横《たてよこ》同《おな》じ数《かず》で整列《せいれつ》すれば、一辺《いっぺん》に100万匹《まんびき》も並《なら》ぶことになる。イエネコの体長《たいちょう》は36〜55㎝だから、ここでは平均《へいきん》して45㎝としよう。その場合《ばあい》、体《からだ》の横幅《よこはば》は15㎝ぐらいのものだろう。すると、隙間《すきま》を空《あ》けずに並《なら》んだとしても、縦《たて》は45㎝×100万《まん》＝450㎞、横《よこ》は15㎝×1

００万《まん》＝１５０㎞となる。その占有面積《せんゆうめんせき》は、６万《まん》７５００㎢。

四国《しこく》と九州《きゅうしゅう》を合《あ》わせても６万《まん》３２００㎢だから、それより広《ひろ》いのだ。地平線《ちへいせん》まで埋《う》め尽《つ》くす猫《ねこ》

猫《ねこ》……。

おじいさんは、この大量《たいりょう》の猫《ねこ》を家《いえ》に連《つ》れて帰《かえ》ったわけだが、考《かんが》えてみればスゴイことだ。絵本《えほん》では、おじいさんは細《ほそ》い道《みち》を歩《ある》いて帰《かえ》ってきた。道《みち》の幅《はば》が５ｍだとすれば、道《みち》いっぱいに広《ひろ》がったとしても、猫《ねこ》たちは33列《れつ》にしか並《なら》ぶことができない。

その結果《けっか》、１列《れつ》に３００億匹《おくひき》が連《つら》なることになり、隊列《たいれつ》の長《なが》さはなんと１３５０万《まん》㎞。これは地球《ちきゅう》を３３８周《しゅう》する長《なが》さである。むひょ〜。

◆餌代《えさだい》はいくらかかるのか？

もし、これほど多《おお》くの猫《ねこ》を飼《か》おうと思《おも》ったら、どうすればいいのだろうか。

飼《か》うからには、水《みず》と餌《えさ》を与《あた》えるのは最低《さいてい》の義務《ぎむ》だ。いったいいくらかかるか、計算《けいさん》してみよう。

まずは水《みず》。物語《ものがたり》でも、猫《ねこ》たちは池《いけ》の水《みず》をひとなめずつして干上《ひあ》がらせていたが、ひとなめでは猫《ねこ》たちも足《た》りないだろう。

猫《ねこ》が１日《にち》に飲《の》む水《みず》の量《りょう》を調《しら》べてみたのだが、体重《たいじゅう》１kgの猫《ねこ》で70mLと言《い》う人《ひと》もいれば、１００mL

と主張《しゅちょう》する人《ひと》もいて、どうもハッキリしない。ただし、必要《ひつよう》なエネルギーは１日《にち》に体重《たいじゅう》１kgあたり80キロカロリーだというから、ここから計算《けいさん》できそうだ。

猫《ねこ》たちの体重《たいじゅう》を４kgとすると、１日《にち》に必要《ひつよう》なエネルギーは３２０キロカロリー。成人男性《せいじんだんせい》のほぼ６分《ぶん》の１だ。成人男性《せいじんだんせい》は１日《にち》に１２００mLの飲料水《いんりょうすい》を必要《ひつよう》とするから、水《みず》とエネルギーの消《しょう》費《ひ》が同《おな》じ割合《わりあい》だとすると、猫《ねこ》は１日《にち》に２００mLの水《みず》を飲《の》むことになる。すると、１兆匹《ちょうひき》なら２億《おく》t！

これはすごい水《みず》の量《りょう》だ。長野県《ながのけん》の諏訪湖《すわこ》が湛《たた》える水《みず》は６３００万《まん》ｔ。１兆匹《ちょうひき》の猫《ねこ》がにゃあにゃあ押《お》し寄《よ》せたら、たちまち干上《ひあ》がる。貯水量《ちょすいりょう》３億《おく》５千万《せんまん》ｔの浜名湖《はまなこ》（静岡県《しずおかけん》）も２日《か》でカラカラになる。名産《めいさん》のウナギもただちに全滅《ぜんめつ》！

では、水道水《すいどうすい》を飲《の》ませたらどうなるのか？　東京都《とうきょうと》の水道料金表《すいどうりょうきんひょう》から計算《けいさん》すると、たった１日《にち》分《ぶん》で８０８億円《おくえん》かかる。１ヵ月《げつ》だと２兆《ちょう》４千億円《せんおくえん》。１匹《ぴき》１匹《ぴき》の猫《ねこ》は１ヵ月《げつ》に２円《えん》と少《すこ》し飲《の》むだけなのだが。うーん、恐《おそ》ろしいな、１兆匹《ちょうひき》って。

餌代《えさだい》は、もっと大変《たいへん》だ。猫《ねこ》の餌《えさ》の格安情報《かくやすじょうほう》を集《あつ》めてみると、食《た》べ切《き》りサイズ12袋入《ふくろい》りが２９８円《えん》。１日《にち》に２袋《ふくろ》あげるとすると、１匹《ぴき》あたり49・７円《えん》かかる。１兆匹《ちょうひき》なら49兆《ちょう》７千億円《せんおくえん》。１年間《ねんかん》では、なんと１京《けい》８１００兆円《ちょうえん》！　どっしぇ〜っ。

これはもう、莫大《ばくだい》すぎる金額《きんがく》だ。２０１１年《ねん》に全世界《ぜんせかい》の人《ひと》や会社《かいしゃ》が稼《かせ》ぎ出《だ》したお金《かね》の合計《ごうけい》は、６６４０兆円《ちょうえん》。１兆匹《ちょうひき》の猫《ねこ》の餌代《えさだい》は、その３倍《ばい》に迫《せま》る。

要《よう》するに、餌《えさ》を買《か》って食《た》べさせようとすると、全世界《ぜんせかい》が総力《そうりょく》を結集《けっしゅう》しても、１兆匹《ちょうひき》の猫《ねこ》は飼《か》えないということですな。いやはやなんとも……。

参考《さんこう》のために、日本《にほん》でペットとして屋内《おくない》で飼《か》われている猫《ねこ》の数《かず》を調《しら》べてみたところ、１３７３万《まん》８千匹《せんびき》だそうです（２００８年《ねん》／ペットフード協会調《きょうかいしら》べ）。ああ、このくらいでヨカッタ。

とっても気《き》になるアニメの疑問《ぎもん》

『プリキュア』シリーズの変身《へんしん》シーンはとても長《なが》いと思《おも》います。変身《へんしん》中《ちゅう》にやられませんか？

『プリキュア』シリーズの変身《へんしん》は、時間《じかん》が長《なが》いことで有名《ゆうめい》だ。筆者《ひっしゃ》が子《こ》どもの頃《ころ》に熱狂《ねっきょう》したウルトラマンが2秒《びょう》、仮面《かめん》ライダーが11秒《びょう》ほどでサッサカ変身《へんしん》していたのに比《くら》べると、実《じつ》に丁寧《ていねい》である。だが、彼女《かのじょ》たちが変身《へんしん》するのは、たいてい敵《てき》と遭遇《そうぐう》したピンチのとき。そんな状況《じょうきょう》でゆっくり変身《へんしん》していたら、敵《てき》にやられてしまわないか心配《しんぱい》になる。

『プリキュア』にはたくさんシリーズがあるが、ここでは2004年《ねん》に制作《せいさく》された第《だい》1作《さく》『ふたりはプリキュア』を題材《だいざい》に、変身問題《へんしんもんだい》を考《かんが》えよう。この物語《ものがたり》の主人公《しゅじんこう》は、ベローネ学院女子中等《がくいんじょしちゅうとう》部《ぶ》2年桜組《ねんさくらぐみ》の美墨《みすみ》なぎさと雪城《ゆきしろ》ほのか。2人《ふたり》の苗字《みょうじ》が示《しめ》すように、なぎさがキュアブラックに、

ほのかがキュアホワイトに変身《へんしん》する。

◆変身時間《へんしんじかん》は2分《ふん》2秒《びょう》!

なぎさとほのかの変身《へんしん》は、カードコミューンという携帯電話《けいたいでんわ》のような機械《きかい》に、プリキュアカードをスラッシュすることで始《はじ》まる。2人《ふたり》の変身《へんしん》にどれだけの時間《じかん》がかかっているか、ストップウオッチで第《だい》1話《わ》の変身《へんしん》シーンを計《はか》ってみた。

00：00　2人《ふたり》がカードコミューンにクイーンのプリキュアカードをスラッシュする
00：04　大《おお》きなシャボン玉《だま》が現《あらわ》れる
00：06　闇《やみ》が広《ひろ》がり、闇《やみ》の中心《ちゅうしん》から真《ま》っ白《しろ》な光《ひかり》が放《はな》たれる
00：11　2人《ふたり》のカードコミューンが並《なら》んで回転《かいてん》しながら画面《がめん》の奥《おく》へ消《き》えていく
00：16　2人《ふたり》が「デュアル・オーロラ・ウェーブ!」と叫《さけ》んで手《て》をつなぐ
00：25　2人《ふたり》が立《た》っていた場所《ばしょ》から、光《ひかり》の柱《はしら》が空《そら》へ向《む》かって放《はな》たれる
00：26　2人《ふたり》の体《からだ》は金属光沢《きんぞくこうたく》を帯《お》びた緑色《みどりいろ》になって、天空《てんくう》へ運《はこ》ばれる
00：35　天空《てんくう》で、光《ひかり》のリングが2人《ふたり》の体《からだ》にコスチュームを着《き》せていく
01：14　コミューンとカードが専用《せんよう》のケースに収《おさ》まって、2人《ふたり》の腰《こし》に装着《そうちゃく》される

01：32　2人《ふたり》、光《ひかり》とともに地上《ちじょう》に降《お》りる

01：42　「光《ひかり》の使者《ししゃ》、キュアブラック！」「光《ひかり》の使者《ししゃ》、キュアホワイト！」

01：50　「ふたりはプリキュア！」

01：54　「闇《やみ》の力《ちから》のしもべたちよ」「とっととおうちに帰《かえ》りなさい！」

こうして、かっこいい変身《へんしん》は完了《かんりょう》。ストップウォッチを確認《かくにん》すると、要《よう》した時間《じかん》は2分《ふん》2秒《びょう》！

うーむ、2分《ふん》か……。この時間《じかん》をどう考《かんが》えるべきだろうか。

試《ため》しに筆者《ひっしゃ》が、本書《ほんしょ》『ジュニア空想科学読本《くうそうかがくどくほん》』を読《よ》んでみたところ、3ページ目《め》の9行《ぎょう》までを読《よ》んだところで、ちょうど2分《ふん》2秒《びょう》が経過《けいか》した。プリキュアの変身《へんしん》が始《はじ》まってから本書《ほんしょ》を手《て》に取《と》り、2ページ読《よ》んで顔《かお》を上《あ》げても、なぎさとほのかはまだ変身中《へんしんちゅう》ということだ。

また、1000m走《そう》という陸上競技《りくじょうきょうぎ》がある。世界記録《せかいきろく》は、1999年《ねん》にケニアのノア・ヌゲニが出《だ》した2分《ふん》11秒《びょう》96。つまり2分《ふん》とは、人間《にんげん》が1km近《ちか》く走《はし》れる時間《じかん》でもある。

さらにいえば、インスタント食品《しょくひん》の「サッポロ一番《いちばん》　旅麺《たびめん》　博多豚骨《はかたとんこつ》ラーメン」というカップラーメンは「熱湯《ねっとう》を注《そそ》いで2分《ふん》でできあがり」だという。

このように、2分《ふん》あればいろいろなことができる。変身《へんしん》に2分使《ふんつか》うのは、やはり時間《じかん》のかけすぎではないか。だいたい、変身《へんしん》しているあいだに敵《てき》に攻撃《こうげき》されたらどーするの!?

と思《おも》いながら、再度《さいど》『ふたりはプリキュア』第《だい》1話《わ》を見《み》ると、ややっ、闇《やみ》の帝国《ていこく》のピーサードは実《じつ》に消極的《しょうきょくてき》だ。2人《ふたり》が変身《へんしん》に入《はい》って25秒後《びょうご》、光《ひかり》の柱《はしら》が現《あらわ》れると体《からだ》をのけぞらせる。続《つづ》いて1分《ぷん》32秒後《びょうご》、2人《ふたり》が地上《ちじょう》に降《お》り立《た》つ直前《ちょくぜん》、光《ひかり》の柱《はしら》から顔《かお》を背《そむ》け「な、何《なに》が起《お》こった!?」とうろたえる。リアクションはこの2つだけなのだ。ってことはこの悪人《あくにん》、そのあいだの1分《ぷん》7秒《びょう》は、ただただ光《ひかり》の柱《はしら》に驚《おどろ》いていただけかい！

◆なぜ天《てん》に昇《のぼ》れるんだろう？

とはいえ、プリキュアが無事《ぶじ》に変身《へんしん》できるのは、敵《てき》がぼんやりしているからではない。変身《へんしん》の過程《かてい》のなかでいちばん無防備《むぼうび》なのは、コスチュームを着《き》ている最中《さいちゅう》だろう。その危険《きけん》な時間帯《じかんたい》、35秒後《びょうご》から1分《ぷん》14秒後《びょうご》にかけての39秒間《びょうかん》は、2人《ふたり》は天空《てんくう》に運《はこ》ばれているのだ。つまり、敵《てき》が光《ひかり》の柱《はしら》に飛《と》び込《こ》んでも、そこに2人《ふたり》はいない。

これなら安心《あんしん》だが、科学的《かがくてき》には気《き》になる。いったい何《なに》が、2人《ふたり》を天空《てんくう》に運《はこ》んでいるのだろうか？2人《ふたり》が上昇《じょうしょう》する直前《ちょくぜん》に、直径《ちょっけい》3mほどの光《ひかり》の柱《はしら》が立《た》ち昇《のぼ》っていた。これはもう、光《ひかり》が2人《ふたり》を持《も》ち上《あ》げていると考《かんが》えるべきだろう。だが、そんなことができるのか。

光《ひかり》にも、物《もの》を持《も》ち上《あ》げたり動《うご》かしたりする力《ちから》はある。ただし、その力《ちから》は非常《ひじょう》に弱《よわ》いため、われ

われはそれを実感《じっかん》できない。たとえば真夏《まなつ》の正午《しょうご》、太陽《たいよう》がジリジリと照《て》りつけているとき、人《にん》間《げん》の体《からだ》は太陽《たいよう》の光《ひかり》に10万分《まんぶん》の2gの力《ちから》で押《お》されている。これは蚊《か》の体重《たいじゅう》の100分《ぶん》の1ほどだから、どんなに暑《あつ》い日でも「太《たい》陽《よう》の光《ひかり》が重《おも》い」と感《かん》じる人《ひと》は、まずいないだろう。

この微弱《びじゃく》な光《ひかり》の力《ちから》で、人間《にんげん》を持《も》ち上《あ》げるには、猛烈《もうれつ》に強《つよ》い光《ひかり》が必要《ひつよう》になる。2人《ふたり》の体重《たいじゅう》をそれぞれ45kgとすると、これを持《も》ち上《あ》げる光《ひかり》の強《つよ》さとは、1㎡あたり21億《おく》kW《キロワット》である。光《ひかり》の柱《はしら》が直径《ちょっけい》3mなら合計《ごうけい》150億《おくキロワット》kW。日本全国《ぜんこく》の発電力《はつでんりょく》の150倍《ばい》にも及《およ》ぶ。

プリキュアの2人《ふたり》は、こんなに強《つよ》い光《ひかり》を浴《あ》びちゃって大丈夫《だいじょうぶ》なのだろうか。再《ふたた》び画面《がめん》を見《み》てみると、おお、天《てん》に向《む》かって上昇《じょうしょう》するとき、2人《ふたり》の肌《はだ》は金属《きんぞく》のような光沢《こうたく》を帯《お》びている。その材質《ざいしつ》が何《なん》であれ、光沢《こうたく》のあるものは光《ひかり》を反射《はんしゃ》するから、きっと大丈夫《だいじょうぶ》だろう。強《つよ》く日焼《ひや》けすると肌《はだ》が水《みず》ぶくれになるのは、皮膚《ひふ》が光《ひかり》のエネルギーを吸収《きゅうしゅう》するからだ。キラめく肌《はだ》で、ぜひとも盛大《せいだい》に反射《はんしゃ》してもらいたい。

だが、そういう備《そな》えのない敵《てき》にとっては、たまったものではない。もし、闇《やみ》の帝国《ていこく》のピーサードがこの光《ひかり》の柱《はしら》に飛《と》び込《こ》んだりしたら、光《ひかり》のエネルギーをモロに吸収《きゅうしゅう》することになる。人間《にんげん》が1㎡あたり21億《おくキロワット》kWもの光《ひかり》を浴《あ》びると、0・0001秒《びょう》で全身《ぜんしん》の水分《すいぶん》が蒸発《じょうはつ》し、直後《ちょくご》に炭素《たんそ》などの固体成分《こたいせいぶん》も蒸発《じょうはつ》する。つまり、一瞬《いっしゅん》で消《き》えてなくなるのだ。

なんとプリキュアの変身《へんしん》を邪魔《じゃま》する者《もの》には、死《し》が待《ま》っている！　女性《じょせい》の着替《きが》えを邪魔《じゃま》してはいけないのは、現実《げんじつ》の世界《せかい》も『プリキュア』の世界《せかい》も同《おな》じなのだなあ。

とっても気《き》になるアニメの疑問《ぎもん》

『アルプスの少女《しょうじょ》ハイジ』のオープニングの大《だい》ブランコ。あれは、どれほどの大《おお》きさですか？

テレビの「懐《なつ》かしのアニメ特番《とくばん》」などで、『アルプスの少女《しょうじょ》ハイジ』のオープニングの映像《えいぞう》を見《み》たことがないだろうか。そこでは、主人公《しゅじんこう》のハイジがスイスの美《うつく》しい山々《やまやま》を背景《はいけい》に、主題歌《しゅだいか》に合《あ》わせて長《なが》〜いブランコを漕《こ》いでいる。

『ハイジ』は1974年《ねん》に放送《ほうそう》されたアニメで、始《はじ》まったとき筆者《ひっしゃ》は小学《しょうがく》6年生《ねんせい》だった。毎週《まいしゅう》ちゃんと見《み》ていたわけではないのだが、あのオープニングには、特別《とくべつ》な思《おも》い入《い》れがある。「学校《がっこう》の勉強《べんきょう》というのは、まじめに聞《き》いておくと嬉《うれ》しいこともあるのだなあ」と実感《じっかん》した思《おも》い出《で》があるからだ。若《わか》き日《ひ》に行《おこな》った検証《けんしょう》の結果《けっか》を、ぜひこの場《ば》で紹介《しょうかい》させてもらいたい。

◆あまりにも巨大《きょだい》なブランコ！

『ハイジ』のオープニングを見《み》ながら、6年生《ねんせい》の筆者《ひっしゃ》はいつも考《かんが》えていた。あのブランコは、どのくらいの長《なが》さがあるのだろう？

あんなに大《おお》きなブランコは、現実《げんじつ》の世界《せかい》では見《み》たことがない。ロープはハイジの身長《しんちょう》の何倍《なんばい》もあり、揺《ゆ》れるハイジを追《お》いかけて、小鳥《ことり》たちが飛《と》び回《まわ》っている。しかし、ロープの上《うえ》のほうは画《が》面《めん》からはみ出《だ》しており、正確《せいかく》な長《なが》さを知《し》ることはできなかった……。

この謎《なぞ》が思《おも》わぬ形《かたち》で解明《かいめい》できたのは、高校《こうこう》2年生《ねんせい》のときである。物理《ぶつり》の授業《じゅぎょう》で「振《ふ》り子《こ》の原《げん》理《り》」を教《おそ》わった。振《ふ》り子《こ》とは、紐《ひも》にオモリをつけて揺《ゆ》らす力学系《りきがくけい》のことで、オモリが行《い》って返《かえ》ってくるまでの時間《じかん》を「周期《しゅうき》」という。

振《ふ》り子《こ》の周期《しゅうき》は、支点《してん》からオモリの重心《じゅうしん》までの長《なが》さだけで決《き》まる。オモリの重《おも》さや、揺《ゆ》れる幅《はば》には関係《かんけい》がない。その事実《じじつ》にも驚《おどろ》いたが、高校《こうこう》2年生《ねんせい》だった筆者《ひっしゃ》は別《べつ》の意味《いみ》で大興奮《だいこうふん》。この原理《げんり》を使《つか》えば、ハイジが漕《こ》いでいたブランコの長《なが》さもわかるはずだ！

それには、アニメの画面《がめん》でブランコの周期《しゅうき》を計《はか》ればよい。しかし残念《ざんねん》ながら、当時《とうじ》はまだDVDもビデオもなく、テレビの再放送《さいほうそう》を待《ま》つしかなかった。

それから半年後《はんとしご》か1年後《ねんご》か、今《いま》となっては覚《おぼ》えていないが、あるときついに再放送《さいほうそう》が始《はじ》まった。

筆者《ひっしゃ》は番組《ばんぐみ》が始《はじ》まるのを待ち構《ま かま》え、右目《みぎめ》で時計《とけい》、左目《ひだりめ》でハイジを見《み》ながら、ブランコが揺《ゆ》れる時間《じかん》を測定《そくてい》した。するとハイジのブランコは、前方《ぜんぽう》の空中《くうちゅう》で一瞬停止《いっしゅんていし》してから、後方《こうほう》で止《と》まるまで、およそ6秒《びょう》もかかっている！

周期《しゅうき》とは往復《おうふく》する時間《じかん》だから、片道《かたみち》6秒《びょう》なら周期《しゅうき》は12秒《びょう》だ。やはり、かなりの時間《じかん》をかけて揺《ゆ》れている。公園《こうえん》などによくある2mほどのブランコの場合《ばあい》、周期《しゅうき》はおよそ2・8秒《びょう》なのだ。

では、周期《しゅうき》12秒《びょう》のブランコの長《なが》さはいったいどれほどか？ 恐《おそ》るおそる計算《けいさん》してみると、なんと36m！ さらに調《しら》べ、ロープの重《おも》さまで考慮《こうりょ》に入《い》れて計算《けいさん》すると、長《なが》さはさらに伸《の》びて、37mという数値《すうち》が出《で》た。

これはすごい。37mとは12階建《かいだ》てのビルの高《たか》さと同《おな》じである。この長《なが》いブランコを、ハイジは思《おも》いっきり漕《こ》いでいる。翌週《よくしゅう》、アニメの画面《がめん》に分度器《ぶんどき》を当《あ》ててみると、最高点《さいこうてん》でのロープの傾《かたむ》きは、なんと70度《ど》である。37mものブランコをこんなに漕《こ》ぐと、いちばん上《うえ》といちばん下《した》の落差《らくさ》は、実《じつ》に25mにもなってしまう。ハイジは、ビルの8階《かい》と1階《かい》の高《たか》さを行《い》ったり来《き》たりするような運動《うんどう》をしているのだ。

これほどの落差《らくさ》だと、スピードもすさまじいことになる。いちばん速《はや》いのはもっとも低《ひく》い点《てん》を通過《つうか》するときで、その速度《そくど》は25mの高《たか》さから落《お》ちたのと同《おな》じ。計算《けいさん》すると、時速《じそく》79㎞！

これは、コワすぎないか？　ジェットコースターには時速《じそく》80㎞を超《こ》えるものも珍《めずら》しくないが、ジェットコースターでは、箱型《はこがた》の車両《しゃりょう》に座《すわ》り、上半身《じょうはんしん》にU字型《じがた》のバーを下《お》ろすなど、落下《らっか》を防《ふせ》ぐ万全《ばんぜん》の対策《たいさく》を施《ほどこ》す。これに対《たい》してハイジは、狭《せま》い横板《よこいた》に腰《こし》かけて、左右《さゆう》のロープを自己責任《じこせきにん》で握《にぎ》っているだけ！　特《とく》に後《うし》ろ向《む》きに振《ふ》られるときは、心臓《しんぞう》が点《てん》になるほどオソロシイはずだ……。

◆ブランコはどこにある？

さらにアニメの画面《がめん》をよく見《み》ると、彼女《かのじょ》の足元《あしもと》の遥《はる》か下界《げかい》を、教会《きょうかい》の塔《とう》が行《い》ったり来《き》たりしている。どうやらハイジは、ものすご～く上空《じょうくう》で遊《あそ》んでいるようなのだ。目測《もくそく》だが、どうやら高《たか》さ100mくらいはありそうだった。

彼女《かのじょ》はオープニングの歌《うた》で「口笛《くちぶえ》はなぜ遠《とお》くまで聞《き》こえるの？」と素朴《そぼく》な疑問《ぎもん》を漏《も》らしていたが、理由《りゆう》ははっきりしている。あんたがそんな高《たか》いところにいるからでしょう！

音《おと》は全方位《ぜんほうい》にドーム状《じょう》に広《ひろ》がっていく。ヒバリやトンビの声《こえ》がよく聞《き》こえるように、障害物《しょうがいぶつ》のない上空《じょうくう》では、地上《ちじょう》より音《おと》が伝《つた》わりやすいのである。

それにしても、上空《じょうくう》100mにおける、時速《じそく》79㎞の振《ふ》り子運動《こうんどう》。あまりにも危険《きけん》であり、常人《じょうじん》ならとても耐《た》えられまい。しかし、ハイジは天真爛漫《てんしんらんまん》に笑《わら》っている。なんという強《つよ》い精神力《せいしんりょく》の持《も》

ち主《ぬし》であろう！　高校生《こうこうせい》の筆者《ひっしゃ》は深々《ふかぶか》と感心《かんしん》したのだった。

ハイジがこれほど高《たか》いところで揺《ゆ》れているとなると、さらなる疑問《ぎもん》がわく。このブランコはどこに設置《せっち》されているのか？　そして、ハイジはどうやってこの驚異的《きょういてき》なブランコに乗《の》ったのか？

ヒントになるのは、オープニングの歌《うた》の「教《おし》えて、アルムのモミの木《き》よ」という一節《いっせつ》だ。どうやらハイジの生活圏内《せいかつけんない》に、有《ゆう》名《めい》な大木《たいぼく》があるらしい。そこがブランコの設置場所《せっちばしょ》ではないだろうか？

世界《せかい》で最《もっと》も高《たか》い木《き》を調《しら》べてみると、アメリカのカリフォルニア州《しゅう》にあるセコイアスギで、梢《こずえ》の高《たか》さは111・72mだという。だが、ハイジのブランコをぶら下《さ》げるには、こんなモノでは足《た》りない。ブランコの横板《よこいた》が上空《じょうくう》100mにあるとすれば、その上《うえ》にロープが37m伸《の》びているのだから、アルムのモミの木《き》は地上《ちじょう》137mに横枝《よこえだ》を張《は》っており、そこにブランコが設置《せっち》されていることになる。もし実在《じつざい》するなら、この木《き》が間違《まちが》いなく世界一《せかいいち》の高木《こうぼく》だ。

しかし、ブランコに乗《の》るのは大変《たいへん》だろう。「わ〜い、今日《きょう》はいい天気《てんき》。そうだ、ブランコで遊《あそ》ぼう！」などと無邪気《むじゃき》に思《おも》い立《た》ったハイジは、まず世界最高《せかいさいこう》の巨木《きょぼく》にアタックをかける。137mの垂直登攀《すいちょくとうはん》を達成《たっせい》した後《のち》、横枝《よこえだ》を渡《わた》り、今度《こんど》はロープ伝《づた》いに37mを滑《すべ》り降《お》りる。まるでレンジャー部隊《ぶたい》だ。続《つづ》いて全身《ぜんしん》を躍動《やくどう》させ、徐々《じょじょ》にブランコを大《おお》きく漕《こ》いでいって、やがてジェットコースターのような猛《もう》スピードを満喫《まんきつ》する……！　アルプスの少女《しょうじょ》はたくましいなあ。

——こんな具合《ぐあい》に、高校時代《こうこうじだい》の筆者《ひっしゃ》は、『ハイジ』のオープニングを見《み》ながら、科学的《かがくてき》な数値《すうち》を引《ひ》き出《だ》して喜《よろこ》んでいた。アニメやマンガに対《たい》する素朴《そぼく》な疑問《ぎもん》が、学校《がっこう》の授業《じゅぎょう》によって解《と》けることもあるとわかり、このときから筆者《ひっしゃ》は少《すこ》し勉強《べんきょう》が好《す》きになった気《き》がする。そして、この経験《けいけん》が現在《げんざい》の仕事《しごと》に直結《ちょっけつ》しているのだから、ハイジのブランコは筆者《ひっしゃ》にとって特別《とくべつ》なのである。

とっても気《き》になる特撮《とくさつ》の疑問《ぎもん》

ゴジラは身長《しんちょう》50ｍ・体重《たいじゅう》2万《まん》ｔ。この体格《たいかく》設定《せってい》は科学的《かがくてき》にどうなのでしょう？

人間《にんげん》の想像力《そうぞうりょく》が作《つく》り出《だ》した架空《かくう》の物語《ものがたり》を、本書《ほんしょ》では「空想科学《くうそうかがく》の世界《せかい》」と呼《よ》んでいる。その歴《れき》史《し》を考《かんが》えるときに避《さ》けて通《とお》れないのが、怪獣《かいじゅう》ゴジラだ。太平洋戦争《たいへいようせんそう》の敗戦《はいせん》から10年《ねん》も経《た》たない1954年《ねん》、映画《えいが》『ゴジラ』に登場《とうじょう》した怪獣《かいじゅう》で、眠《ねむ》っていた古代生物《こだいせいぶつ》が水爆実験《すいばくじっけん》の影響《えいきょう》を受《う》けて変《へん》異《い》・巨大化《きょだいか》したという設定《せってい》だった。その身長《しんちょう》は50ｍ、体重《たいじゅう》は2万《まん》ｔ。

この体格《たいかく》にはインパクトがあった。当時《とうじ》の建築基準法《けんちくきじゅんほう》は、建物《たてもの》の高《たか》さを31ｍまでに制限《せいげん》していたから、この怪獣《かいじゅう》より大《おお》きいのは、戦前《せんぜん》に建《た》てられた国会議事堂《こっかいぎじどう》（65・45ｍ）や五重塔《ごじゅうのとう》（最大《さいだい》は東《とう》寺《じ》の五重塔《ごじゅうのとう》で54・8ｍ）くらいのものだった。それゆえだろう、筆者《ひっしゃ》が子《こ》どもの頃《ころ》「ゴジラは50ｍ・

２万《まん》ｔ」という数字《すうじ》はよく知《し》られていて、怪獣《かいじゅう》好《ず》きの男子《だんし》のあいだでは常識《じょうしき》だったのだ。

そして、ゴジラの設定《せってい》が強《つよ》い印象《いんしょう》を残《のこ》したせいか、以降《いこう》に登場《とうじょう》したガメラやウルトラマンなども、その身長《しんちょう》と体重《たいじゅう》は登場時《とうじょうじ》から明《あき》らかにされていた。それらの数字《すうじ》を見《み》ながら、子《こ》どもの頃《ころ》の筆者《ひっしゃ》は「ゴジラに比《くら》べて小《ちい》さいなあ」とか「重《おも》いなあ」とか思《おも》っていた。ゴジラが大《おお》きさや重《おも》さの基準《きじゅん》になっていたわけである。

しかし、この「身長《しんちょう》50ｍ・体重《たいじゅう》２万《まん》ｔ」という体格《たいかく》は、生物《せいぶつ》として適切《てきせつ》なのか。筆者《ひっしゃ》の人生《じんせい》にも大《おお》きな影響《えいきょう》を与《あた》えたゴジラ、ガメラ、そしてウルトラマン。彼《かれ》らの身長《しんちょう》と体重《たいじゅう》の設定《せってい》が科学的《かがくてき》にナットクのできるものだったのかどうかを考《かんが》えてみよう。

◆ゴジラの適正《てきせい》な体重《たいじゅう》は？

科学的《かがくてき》にナットクできる身長《しんちょう》や体重《たいじゅう》とはどういうことか。それは、同《おな》じ体形《たいけい》をした生物《せいぶつ》が、巨《きょ》大化《だいか》したときの数値《すうち》と比較《ひかく》してどうなのかということだ。たとえば、体長《たいちょう》50㎝、体重《たいじゅう》４㎏のネコが10倍《ばい》に巨大化《きょだいか》したときの適正《てきせい》な体重《たいじゅう》を考《かんが》えてみよう。

体長《たいちょう》50㎝の10倍《ばい》とは、５００㎝＝５ｍだ。このとき、体重《たいじゅう》は10倍《ばい》では済《す》まない。10倍《ばい》に巨大化《きょだいか》すると、縦《たて》も横《よこ》も高《たか》さも10倍《ばい》になるから、体重《たいじゅう》は10倍《ばい》の10倍《ばい》の10倍《ばい》で、すなわち１千倍《せんばい》に増加《ぞうか》する。4kgのネコなら4千《せん》kg＝4tということだ。

では、怪獣《かいじゅう》ゴジラの適正《てきせい》な体重《たいじゅう》はどれほどか。そもそもゴジラと同《おな》じような体《からだ》つきの動物《どうぶつ》はいないから、まずは何《なに》を基準《きじゅん》に考《かんが》えるべきか、という問題《もんだい》がある。

こういう場合《ばあい》は、ゴジラの人形《にんぎょう》を水《みず》に沈《しず》めるとよい。物質《ぶっしつ》の体積《たいせき》あたりの重《おも》さを「密度《みつど》」といい、生物《せいぶつ》の体《からだ》の密度《みつど》は、水《みず》とほぼ同《おな》じ1㎤あたり1gである。それゆえ、水槽《すいそう》いっぱいに水《みず》を溜《た》めて、そこに人形《にんぎょう》を沈《しず》めたとき、あふれ出《だ》した水《みず》の量《りょう》が人形《にんぎょう》の体積《たいせき》となり、その水《みず》の重《おも》さが人形《にんぎょう》サイズの生物《せいぶつ》の体重《たいじゅう》といえる。

さて、筆者《ひっしゃ》が持《も》っているゴジラの人形《にんぎょう》は、身長《しんちょう》14・8㎝。内部《ないぶ》に水《みず》は入《はい》らない構造《こうぞう》になっている。これを水槽《すいそう》に沈《しず》めてみると、323㎤の水《みず》がこぼれた。ここから、ゴジラ人形《にんぎょう》の体積《たいせき》は323㎤であり、この大《おお》きさの生物《せいぶつ》が実在《じつざい》したら体重《たいじゅう》は323gになることがわかる。

これを基準《きじゅん》に、身長《しんちょう》50mのゴジラの適正体重《てきせいたいじゅう》を考《かんが》えよう。身長《しんちょう》の50mは人形《にんぎょう》の340倍《ばい》だから、ゴジラの体積《たいせき》は340×340×340＝3900万倍《まんばい》となって、1万《まん》2500㎥。すると、適《てき》正《せい》な体重《たいじゅう》は1万《まん》2500tということになる。

う〜む。2万《まん》tより、だいぶ軽《かる》い。筆者《ひっしゃ》が幼《おさな》い頃《ころ》から暗記《あんき》していた「ゴジラの体重《たいじゅう》2万《まん》t」は、科学的《かがくてき》には正《ただ》しくなかったということ⁉　そうであってほしくはないが……。

いや、心配《しんぱい》する必要《ひつよう》はないかも。ここまでの考察《こうさつ》は、ゴジラの体《からだ》が通常《つうじょう》の生物《せいぶつ》と同《おな》じ物質構成《ぶっしつこうせい》であることが前提《ぜんてい》になっているが、体《からだ》の大《おお》きな生物《せいぶつ》は、体重《たいじゅう》を支《ささ》えるため骨《ほね》が太《ふと》くなる傾向《けいこう》がある。そして、骨《ほね》の密度《みつど》は、体《からだ》の平均密度《へいきんみつど》の2倍《ばい》ほどに及《およ》ぶ。ゴジラの大《おお》きさになると、骨《ほね》が太《ふと》くなる結果《けっか》、体重《たいじゅう》も重《おも》くなって、2万《まん》tになっている可能性《かのうせい》もあるだろう。きっとそうなのだッ。

◆ウルトラマンはあまりにも重《おも》い！

ゴジラの体重《たいじゅう》が納得《なっとく》できたとなると、気《き》になるのはウルトラマンである。その身長《しんちょう》は40m、体《たい》重《じゅう》は3万《まん》5千《せん》t。この数字《すうじ》も筆者《ひっしゃ》の子《こ》どもの頃《ころ》には広《ひろ》く知《し》られていたが、右《みぎ》で考《かんが》えたゴジラと比《ひ》較《かく》すれば、早《はや》くも嫌《いや》な予感《よかん》がしますなあ。身長《しんちょう》はゴジラよりも低《ひく》いのに、体重《たいじゅう》ははるかに重《おも》い。

しかも彼《かれ》は、見《み》た目《め》の体形《たいけい》が、ゴジラよりもずっとスリムである……。

ウルトラマンの体形《たいけい》は人間《にんげん》とほぼ同《おな》じだから、人間《にんげん》を基準《きじゅん》に考《かんが》えるのがいいだろう。『ウルトラマン』の主題歌《しゅだいか》によれば、彼《かれ》は「怪獣退治《かいじゅうたいじ》の専門家《せんもんか》」なので、体格《たいかく》のいい運動選手《うんどうせんしゅ》のような人《ひと》、たとえば身長《しんちょう》185㎝、体重《たいじゅう》90㎏の人《ひと》が、身長《しんちょう》40mに巨大化《きょだいか》したと仮定《かてい》する。

ウルトラマンの身長《しんちょう》40mとは、185㎝のおよそ22倍《ばい》だ。そしてゴジラと同様《どうよう》、体重《たいじゅう》は22倍《ばい》では済《す》まない。身長《しんちょう》も、体《からだ》の横幅《よこはば》も、前後《ぜんご》の厚《あつ》みも22倍《ばい》になるのだから、体重《たいじゅう》は22倍《ばい》の22倍《ばい》の22倍《ばい》で、ほぼ1万倍《まんばい》。90kgの1万倍《まんばい》とは……、ええっ、たったの900t!?

これは驚《おどろ》いた。人間《にんげん》がウルトラマンの大《おお》きさになっても、体重《たいじゅう》は900tにしかならないということだ。それなのに、ウルトラマンの設定体重《せっていたいじゅう》は3万《まん》5千《せん》t。差《さ》が3万《まん》4100tもある。どう考《かんが》えればいいのだろう？　ウルトラマンは、人間《にんげん》がその大《おお》きさになったときの40倍《ばいちか》近くも重《おも》い。これが事実《じじつ》なら、ウルトラマンは体《からだ》の密度《みつど》が、人間《にんげん》の40倍《ばいちか》近くもあることになるが……。

ゴジラのところで述《の》べたとおり、水《みず》や生物《せいぶつ》の体《からだ》の密度《みつど》は1㎤あたり1gだ。そして鉄《てつ》が1㎤あたり7・9gで、金《きん》が1㎤あたり19・3g。最《もっと》も密度《みつど》が大《おお》きいのは、オスミウムという稀少金属《きしょうきんぞく》で、1㎤あたり22・6gもある。ところが、ウルトラマンの体《からだ》の密度《みつど》はそれをはるかに上回《うわまわ》り、1㎤あたり40gもあるのだ！

この宇宙《うちゅう》において、元素《げんそ》の種類《しゅるい》は共通《きょうつう》であり、大《おお》きな星《ほし》の中心部《ちゅうしんぶ》などを除《のぞ》けば、オスミウムより密度《みつど》の大《おお》きい物質《ぶっしつ》は、宇宙《うちゅう》のどこにもない。なのに、ウルトラマンの体《からだ》を構成《こうせい》している物質《ぶっしつ》は、その1・7倍《ばい》も重《おも》いというのだ。あんたの体《からだ》は、いったい何《なに》でできているんだ、ウルトラマン!?

◆オドロキのガメラ対《たい》ギャオス

最後《さいご》にもう一《ひと》つ、怪獣《かいじゅう》ガメラの体重《たいじゅう》を考察《こうさつ》してみよう。カメによく似《に》たこの怪獣《かいじゅう》については、筆者《ひっしゃ》は子《こ》どもの頃《ころ》からとても気《き》になっていた。その身長《しんちょう》は60ｍであり、ゴジラやウルトラマンよりも大《おお》きい。にもかかわらず、体重《たいじゅう》は80ｔだという！　ゴジラに比《くら》べると、たったの250分《ぶん》の1しかない。映画《えいが》で流《なが》れていた歌《うた》では「デカいぞ身長《しんちょう》60ｍ、重《おも》いぞ体重《たいじゅう》80ｔ」などと言《い》っていたが、身長《しんちょう》はともかく、体重《たいじゅう》は全然重《ぜんぜんおも》くなどないッ！

いかん。検証《けんしょう》する前《まえ》に決《き》めつけるのは、科学的《かがくてき》な態度《たいど》とはいえない。そこで、ガメラの人形《にんぎょう》を水《みず》に沈《しず》めて密度《みつど》を測定《そくてい》すると、わあっ。1㎤あたり、たったの0・0026g！

ついでに、ガメラの最大《さいだい》のライバルであった怪獣《かいじゅう》ギャオスについても測定《そくてい》してみよう。身長《しんちょう》65ｍ、体重《たいじゅう》25ｔのこの超音波怪鳥《ちょうおんぱかいちょう》の人形《にんぎょう》も水《みず》に沈《しず》めると、密度《みつど》は1㎤あたり0・0014g。ひえ〜っ。この2匹《ひき》はもう、軽《かる》すぎるとかなんとかいうレベルではない。

ガメラの体《からだ》の密度《みつど》は、発泡《はっぽう》スチロールの8分《ぶん》の1しかない。この怪獣《かいじゅう》は海《うみ》からやってきたが、どうやって水中《すいちゅう》に潜《もぐ》ったのか、つくづく謎《なぞ》である。

ギャオスに至《いた》っては、もはや水《みず》と比《くら》べるほうが間違《まちが》っている。その密度《みつど》は空気《くうき》の1・2倍《ばい》にすぎないのだから。ギャオスの体《からだ》は、いったい何《なん》でできている⁉　まさか、ガス……？

この2匹《ひき》が激突《げきとつ》した『大怪獣空中戦《だいかいじゅうくうちゅうせん》ガメラ対《たい》ギャオス』は屈指《くっし》の傑作《けっさく》だった。しかし、もしその戦《たたか》いを科学的《かがくてき》に正《ただ》しく描《えが》いたら、目《め》を疑《うたが》うほど迫力《はくりょく》のない怪獣映画《かいじゅうえいが》になっていただろう。

展開《てんかい》されるバトルは、空気入《くうきい》りビニール人形《にんぎょう》と、ゴム風船人《ふうせんにん》形《ぎょう》が戦《たたか》うようなもの。ガメラのパンチが「ぱふ」。ギャオスのキックが「ぽふ」。風《かぜ》に吹《ふ》かれて漂《ただよ》いながら、戦《たたか》い続《つづ》ける2匹《ひき》はどこか遠《とお》くへ流《なが》れていく……。

うーむ。ウルトラマンはあまりにも重《おも》く、ガメラはあまりにも軽《かる》い。こうして比《くら》べてみると、ゴジラの体重《たいじゅう》2万《まん》tにはすごくナットクいきますなあ。さすが、怪獣《かいじゅう》の開祖《かいそ》というべきか。

とっても気《き》になるゲームの疑問《ぎもん》

カービィは、相手《あいて》を吸《す》い込《こ》むと その特徴《とくちょう》が体《からだ》に現《あらわ》れます。なぜそんなことができるのでしょうか？

筆者《ひっしゃ》の講演会《こうえんかい》では、できるだけ質疑応答《しつぎおうとう》の時間《じかん》を設《もう》けて、その場《ば》で質問《しつもん》に答《こた》えることにしているのだが、よくもらう質問《しつもん》の一《ひと》つがこれである。

ゲーム『星《ほし》のカービィ』の主人公《しゅじんこう》・カービィは身長《しんちょう》20㎝ぐらい。まん丸《まる》でピンク色《いろ》の体《からだ》に、短《みじか》い手《て》と大《おお》きな足《あし》がついている。この小《ちい》さな体《からだ》で、周囲《しゅうい》のものをシュゴゴ〜ッと吸《す》い込《こ》む。それだけでも驚《おどろ》くが、吸《す》い込《こ》んだ相手《あいて》の性質《せいしつ》や能力《のうりょく》をコピーできるのだから、もっと驚《おどろ》く。たとえば、鳥《とり》のようなバードンを吸《す》い込《こ》むと、カービィも翼《つばさ》が生《は》えて飛《と》べるようになり、火《ひ》を吹《ふ》くバーニンレオを吸《す》い込《こ》めば、自分《じぶん》も火《ひ》が吹《ふ》けるようになる。

まことにうらやましい能力《のうりょく》だ。カービィは、もしウサイン・ボルトを吸《す》い込《こ》んだら、100mを9秒《びょう》58で走《はし》れるようになったりするのだろう。同《おな》じことが筆者《ひっしゃ》にもできるなら、世界中《せかいじゅう》の科《か》学者《がくしゃ》や作家《さっか》を手《て》あたり次第《しだい》に吸《す》い込《こ》んで、素晴《すば》らしい研究《けんきゅう》をどんどん行《おこな》い、それを楽《たの》しい文章《ぶんしょう》にまとめて発表《はっぴょう》したいッ。

しかし不思議《ふしぎ》である。人間《にんげん》が魚《さかな》を食《た》べても、体《からだ》にウロコが生《は》えてきたり、水《みず》の中《なか》でエラ呼吸《こきゅう》ができるようになったりはしない。なぜカービィは、そんなことができるのだろうか。

◆生物《せいぶつ》の能力《のうりょく》を決《き》めるもの

生物《せいぶつ》の体《からだ》はタンパク質《しつ》でできている。われわれの筋肉《きんにく》も、髪《かみ》も、赤血球《せっけっきゅう》も、その材料《ざいりょう》はタンパク質《しつ》だ。カービィも見《み》たところ生物《せいぶつ》だから、体《からだ》はやはりタンパク質《しつ》でできているのだろう。

タンパク質《しつ》には、数《かぞ》え切《き》れないほどの種類《しゅるい》がある(正確《せいかく》な数《かず》はわかっていない)。筋肉《きんにく》と髪《かみ》がまるで違《ちが》うのは、タンパク質《しつ》の種類《しゅるい》が違《ちが》うからだ。ところがこの多様《たよう》なタンパク質《しつ》は、すべての生物《せいぶつ》に共通《きょうつう》な、わずか20種類《しゅるい》のアミノ酸《さん》でできている。限《かぎ》られた種類《しゅるい》のパーツしかないおもちゃのブロックで、いろんなものが作《つく》れるのによく似《に》ている。

アミノ酸《さん》がブロックと違《ちが》うのは、鎖《くさり》のように一列《いちれつ》にしかつながらないことだ。どんなアミノ酸《さん》がどんな順序《じゅんじょ》で並《なら》んでいるかによって、タンパク質《しつ》の種類《しゅるい》が決《き》まる。たとえば、あるパターンで並《なら》べば筋肉《きんにく》になり、別《べつ》のパターンで並《なら》べば目《め》のレンズのように透明《とうめい》にもなる。

アミノ酸《さん》の並《なら》び方《かた》を決《き》めるのは、DNAの遺伝情報《いでんじょうほう》だ。これに従《したが》ってさまざまなタンパク質《しつ》が作《つく》られ、生物《せいぶつ》はそれぞれの性質《せいしつ》や能力《のうりょく》を発揮《はっき》する。人間《にんげん》の体《からだ》がわれわれのよく知《し》っている形《かたち》をしていて、飛《と》んだり跳《は》ねたり、ものを考《かんが》えたりできるのは、それを可能《かのう》にするタンパク質《しつ》が作《つく》られているからなのだ。

カービィが相手《あいて》を吸《す》い込《こ》んで、空《そら》を飛《と》んだり、火《ひ》を吹《ふ》いたりできるようになるのも、それを実《じっ》行《こう》するためのタンパク質《しつ》を相手《あいて》の体《からだ》から奪《うば》うからだと考《かんが》えられる。

◆「拒絶反応《きょぜつはんのう》」は起《お》こらないのか？

だが、人間《にんげん》には、そういうことはできない。われわれが牛肉《ぎゅうにく》を食《た》べても、頭《あたま》に角《つの》が生《は》えたり、モーモー鳴《な》くようになったりしないのはなぜだろうか。

それは、消化《しょうか》によって、牛《うし》のタンパク質《しつ》がアミノ酸《さん》に分解《ぶんかい》されるからだ。この時点《じてん》で、それらがもともと何《なん》のタンパク質《しつ》だったかは関係《かんけい》なくなる。バラバラなブロックが、その前《まえ》に何《なに》を作《つく》っていたのかわからないのと同《おな》じだ。こうして得《え》られたアミノ酸《さん》は、人間《にんげん》のDNAの情報《じょうほう》に従《したが》って並《なら》べられ、人間《にんげん》のタンパク質《しつ》になる。

カービィの体《からだ》もこれと同《おな》じシステムなら、相手《あいて》の特徴《とくちょう》や能力《のうりょく》がその体《からだ》に現《あらわ》れることはないはずだ。吸《す》い込《こ》んだ相手《あいて》によって、翼《つばさ》が生《は》えたり、火《ひ》が吹《ふ》けるようになったりするのは、おそらくカービィが、相手《あいて》のタンパク質《しつ》を消化《しょうか》せずに、そのまま自分《じぶん》の体《からだ》の一部《いちぶ》にして、利用《りよう》しているからなのだろう。

だとすれば、大《おお》きな問題《もんだい》がある。動物《どうぶつ》の体《からだ》は、体内《たいない》に自分《じぶん》のものとは違《ちが》うタンパク質《しつ》が入《はい》り込《こ》むと、攻撃《こうげき》する仕組《しく》みを備《そな》えている。これは「免疫《めんえき》」と呼《よ》ばれ、体内《たいない》に侵入《しんにゅう》した病原菌《びょうげんきん》などを退《たい》治《じ》するのに役立《やくだ》っている。だが一方《いっぽう》で、臓器《ぞうき》移植《いしょく》の際《さい》、せっかく移植《いしょく》した臓器《ぞうき》がはがれ落《お》ちることがある。これも、患者《かんじゃ》の体《からだ》が移植《いしょく》した臓器《ぞうき》を異質《いしつ》なタンパク質《しつ》とみなして攻撃《こうげき》するために起《お》こるもので、「拒絶反応《きょぜつはんのう》」と呼《よ》ばれる。

ヒトという同《おな》じ種《しゅ》の動物《どうぶつ》のあいだでも拒絶反応《きょぜつはんのう》が起《お》こるのに、カービィが取《と》り込《こ》んでいるのはロッキーやバーニンレオなど明《あき》らかに異種《いしゅ》の動物《どうぶつ》。そんなモンのタンパク質《しつ》を見境《みさかい》なく取《と》り込《こ》んだりしたら、一大事《いちだいじ》。激《はげ》しい拒絶反応《きょぜつはんのう》で全身《ぜんしん》はボロボロになり、生《い》きていられるかどうかもわからない！

◆カービィがカービィでなくなる！

もちろん『星《ほし》のカービィ』では、ゲームでもアニメでも、そんな悲劇《ひげき》は起《お》こっていない。これは科学的《かがくてき》にどう考《かんが》えればいいのだろうか。

素直《すなお》に解釈《かいしゃく》すれば、カービィは何《なに》かを吸《す》い込《こ》んでも、そのタンパク質《しつ》を消化《しょうか》せずに自分《じぶん》の体《からだ》に取《と》り入《い》れるが、それによる拒絶反応《きょぜつはんのう》も起《お》こらない、ということになる。すると、カービィは免疫《めんえき》の仕組《しく》みを持《も》っていないことになるが、それでも病気《びょうき》にならないのは、病原菌《びょうげんきん》を含《ふく》めてどんなタンパク質《しつ》とも仲《なか》よくやっていける、という稀有《けう》な生物《せいぶつ》なのだろう。

ところがその場合《ばあい》、別《べつ》の問題《もんだい》が発生《はっせい》する。人間《にんげん》の体《からだ》を作《つく》る物質《ぶっしつ》は、ほぼ3ヵ月《げつ》ですべて入《い》れ替《か》わる。期間《きかん》の長《なが》さは違《ちが》うとしても、入《い》れ替《か》わる点《てん》はカービィも同《おな》じだろう。すると、いろんな相《あい》手《て》を吸《す》い込《こ》んでいるうちに、全身《ぜんしん》がすっかり別《べつ》の生物《せいぶつ》に変《か》わってしまうことになる。たとえば、魚《さかな》ばかり吸《す》い込《こ》んでいると、自分《じぶん》も魚《さかな》になるのだ。筆者《ひっしゃ》の考察《こうさつ》によればカービィは相手《あいて》のタンパク質《しつ》を消化《しょうか》せずに利用《りよう》するのだから、脳《のう》も魚《さかな》の脳《のう》になってしまう可能性《かのうせい》が高《たか》い。そうなったらもう、身《み》も心《こころ》も魚《さかな》として生《い》きていくしかない。

それではいかんと、いろんな敵《てき》をバランスよく吸《す》い込《こ》んでいたら、さまざまな生物《せいぶつ》の要素《ようそ》が混《ま》じりあって、何《なに》がなんだかわからん不気味《ぶきみ》な生命体《せいめいたい》に……。

　こんなカービィが、カービィでいられる道《みち》はただ一《ひと》つ。種類《しゅるい》の違《ちが》う生物《せいぶつ》を吸《す》い込《こ》むのではなく、自分《じぶん》と同《おな》じ種《しゅ》の生物《せいぶつ》を食《た》べればよいのだ。つまり、共食《ともぐ》いだあ！

　なんだか怖《こわ》い話《はなし》になってきた。おまけにその場合《ばあい》、新《あたら》しい特徴《とくちょう》を身《み》につけることはできない。せっかくの能力《のうりょく》が、宝《たから》の持《も》ち腐《ぐさ》れ。うーん、いったいどうしたらいいのやら。

　はっきりしているのは、生物《せいぶつ》にとって消化《しょうか》はとても大切《たいせつ》、ということですなあ。

とっても気《き》になるアニメの疑問《ぎもん》

アンパンマンのアンパンで、何人《なんにん》がお腹《なか》いっぱいになりますか？

アンパンマンは、偉大《いだい》なヒーローだ。顔《かお》が大《おお》きなアンパンで、お腹《なか》のすいた人《ひと》がいると、自分《じぶん》の顔《かお》をちぎって食《た》べさせる。こんな犠牲的精神《ぎせいてきせいしん》に満《み》ちたヒーローは、他《ほか》にいない。だが、そのアンパンは、アンパンとしてあまりにも大《おお》きい。あれほどの大《おお》きさとなると、いったい何人《なんにん》がお腹《なか》いっぱいになるのだろうか。

◆普通《ふつう》のアンパンと比《くら》べてみると

アニメの画面《がめん》から、アンパンマンの顔《かお》の大《おお》きさを推定《すいてい》してみよう。

それにはアンパンマンの身長《しんちょう》を知《し》る必要《ひつよう》があるが、周囲《しゅうい》の人《ひと》たちと比《くら》べると、おそらく1m60cmほどだと思《おも》われる。もし、アンパンマンの身長《しんちょう》が1m40cmだとすると、ジャムおじさんが1m13cmという計算《けいさん》になってしまう。これは、6歳児《さいじ》の平均《へいきん》より低《ひく》い。逆《ぎゃく》に、アンパンマンが1m80cmもあったら、背《せ》の高《たか》いしょくぱんまんは1m97cmもあることに！　よってここでは、アンパンマンの身長《しんちょう》は1m60cmだと考《かんが》えることにしよう。

その身長《しんちょう》から計測《けいそく》すると、頭《あたま》のアンパンの直径《ちょっけい》は76cmになる。これはデカい！　76cmとは、四輪駆動《よんりんくどう》の車《くるま》のタイヤと同《おな》じくらいの大《おお》きさだ。もしパン屋《や》さんに直径《ちょっけい》76cmのアンパンが並《なら》んでいたら、大《おお》きすぎてアンパンとは思《おも》わないかもしれない。

この巨大《きょだい》アンパンは、いったい何人前《なんにんまえ》なのか？　コンビニでアンパンを買《か》ってきて測定《そくてい》すると、直径《ちょっけい》12cm、重《おも》さは140gだった。アンパンマンの顔《かお》のアンパンは、直径《ちょっけい》がその6・5倍《ばい》。重《おも》さに至《いた》っては、縦《たて》も、横《よこ》も、厚《あつ》さも6・5倍《ばい》なのだから、なんと275倍《ばい》である！

その重量《じゅうりょう》は38・5kg。140gのアンパン1個《こ》が1人分《ひとりぶん》だとすれば、この巨大《きょだい》アンパンは当然《とうぜん》、275人分《にんぶん》ということになる。

アンパンマンが出動《しゅつどう》し、お腹《なか》のすいた人《ひと》に自分《じぶん》の顔《かお》を食《た》べさせると、275人《にん》もの人《ひと》が救《すく》われるのだ。やはりすごいヒーローである。

◆珍《めずら》しいボール状《じょう》のアンパン

ここまで書《か》いて、筆者《ひっしゃ》は気《き》がついてしまった。

いまの計算《けいさん》は、アンパンマンの顔《かお》が普通《ふつう》のアンパンとまったく同《おな》じ形《かたち》をしていることが前提《ぜんてい》である。だが、それは正《ただ》しいだろうか？　普通《ふつう》のアンパンを横《よこ》から見《み》ると、後《うし》ろがペッタンコで、前《まえ》がドーム状《じょう》に膨《ふく》らんだ形《かたち》をしている。でも、アンパンマンの頭部《とうぶ》は、横《よこ》から見《み》ても上《うえ》から見《み》ても真《ま》ん丸《まる》い。アンパンマンのアンパンは、ボールのような球形《きゅうけい》をしているということだ。

計算《けいさん》をやり直《なお》そう。コンビニのアンパンの厚《あつ》さは４cmだが、アンパンマンのアンパンは球形《きゅうけい》だから、厚《あつ》さも76cmあることになる。普通《ふつう》のアンパンに比《くら》べると、直径《ちょっけい》は６・５倍《ばい》、厚《あつ》みは19倍《ばい》となり、６・５×６・５×19＝８００倍《ばい》。つまり、アンパンマンの頭《あたま》は８００人分《にんぶん》の超巨大《ちょうきょだい》アンパン！　ちょっとした規模《きぼ》の学校《がっこう》なら「皆《みな》さん、今日《きょう》の給食《きゅうしょく》はアンパンマンですよ〜」といって、全校生徒《ぜんこうせいと》でアンパンマンの頭《あたま》１個《こ》を仲《なか》よく食《た》べる……などということも可能《かのう》になる。

当然《とうぜん》、重量《じゅうりょう》もすごい。１４０ｇの８００倍《ばい》も重《おも》いアンパンマンのアンパンは、なんと１１２kgである！　人類始《じんるいはじ》まって以来《いらい》、最大《さいだい》のアンパンであろう。

うーむ。われらのアンパンマンは、こんなに重《おも》いモノを肩《かた》の上《うえ》に載《の》っけて空《そら》を飛《と》んだり、ばいきんまんを殴《なぐ》り飛《と》ばしたりしていたのか。優《やさ》しいだけでなく、大変《たいへん》な怪力《かいりき》ヒーローだったのだなあ。

◆バタコさん、大活躍《だいかつやく》！

科学的《かがくてき》に考《かんが》えると、アンパンマンの偉大《いだい》さがヒシヒシと伝《つた》わってくる。だが、目《め》を閉《と》じて静《しず》かに考《かんが》えれば、もう1人《ひとり》の偉人《いじん》の姿《すがた》が脳裏《のうり》に浮《う》かんでくる。そう、ジャムおじさんだ。

この優《やさ》しいおじさんは、毎朝《まいあさ》毎朝《まいあさ》、アンパンマンの顔《かお》を新《あたら》しく焼《や》いてあげる。重量《じゅうりょう》112kgものアンパンを！　もう決《けっ》して若《わか》いとはいえないジャムおじさんが、大量《たいりょう》の生地《きじ》をこね、アンを包《つつ》んで、合計《ごうけい》112kgにも及《およ》ぶパンに成形《せいけい》して、パン焼《や》き窯《がま》に入《い》れるのは、大変《たいへん》なご苦労《くろう》であろう。

だが、ジャムおじさんには頑張《がんば》っていただく他《ほか》はない。冒頭《ぼうとう》から繰《く》り返《かえ》し記《しる》しているが、このヒーローは、そこらを勝手《かって》に歩《ある》き回《まわ》っては、お腹《なか》のすいた人《ひと》に顔《かお》をちぎって食《た》べさせるのを習慣《しゅうかん》にしているからだ。もし、何日《なんにち》も前《まえ》のアンパンでそういうことをされたら、食中毒事件《しょくちゅうどくじけん》が発生《はっせい》し、ジャムおじさんのパン工場《こうじょう》は、保健所《ほけんじょ》に営業停止処分《えいぎょうていししょぶん》を食《く》らってしまう。万《まん》が一《いち》にもそういうことのないように、毎朝《まいあさ》、新《あたら》しいアンパンを焼《や》いていただきたい。

ただし、この日課《にっか》は経済的《けいざいてき》に負担《ふたん》が大《おお》きいはずだ。筆者《ひっしゃ》が買《か》ってきたコンビニのアンパンは、消費税抜《しょうひぜいぬ》きで１００円《えん》だった。すると、アンパンマンの生地《きじ》とアンで普通《ふつう》のアンパンを作《つく》れば、その８００倍《ばい》、すなわち８万円《まんえん》の売《う》り上《あ》げが見込《みこ》まれる。ジャムおじさんは、毎日《まいにち》それをパーにしていることになる。８万円《まんえん》×３６５日《にち》＝年間《ねんかん》２９２０万円《まんえん》！　村《むら》の平和《へいわ》のためにこれほどの個《こ》人資産《じんしさん》を提供《ていきょう》する人《ひと》は、世界《せかい》でも稀有《けう》だろう。

そしてもう1人《ひとり》、バタコさんの偉業《いぎょう》も忘《わす》れてはならない。

このうら若《わか》き女性《じょせい》は、アンパンマンがばいきんまんに攻撃《こうげき》され、顔《かお》が汚《よご》れて力《ちから》が出《で》なくなると、新《あたら》しいアンパンを持《も》って現場《げんば》に駆《か》けつける。そして「アンパンマン、新《あたら》しい顔《かお》よ〜！」と叫《さけ》び、アンパンを投《な》げてあげるのだ。新《あたら》しいパンはクルクル回《まわ》りながら飛《と》んでいって、アンパンマンの古《ふる》い顔《かお》を弾《はじ》き飛《と》ばし、入《い》れ替《か》わりに新《あたら》しい顔《かお》となる。そして、元気《げんき》百倍《ひゃくばい》のアンパンマンに！　おおいに盛《も》り上《あ》がる場面《ばめん》だが、このバタコさんの行為《こうい》は本当《ほんとう》にすごい。重量《じゅうりょう》112kgのアンパンマンを、投《な》げるのだから。

112kgといえば、大人《おとな》の女性《じょせい》2人分《りぶん》の重《おも》さだ。これを2mでも投《な》げられたら、相当《そうとう》な怪力《かいりき》だろう。だが、バタコさんの力《ちから》はそんなレベルではない。アニメのある回《かい》で測定《そくてい》したところ、バタコさんはアンパンマンの顔《かお》を、水平面《すいへいめん》から30度《ど》の角度《かくど》で投《な》げている。そして、投《な》げてからアンパンマンに届《とど》くまで4秒《びょう》を要《よう》した。ここから計算《けいさん》すると、バタコさんはアンパンマンの顔《かお》を時速《じそく》144kmで投《な》げたことになる。112kgもの重量物《じゅうりょうぶつ》を、プロ野球《やきゅう》のピッチャーのストレートと同《おな》じスピードで投《な》げているのだ！

飛《と》んだ距離《きょり》は、なんと136m。バタコさんが野球場《やきゅうじょう》に行《い》って、バッターボックスから「新《あたら》しい顔《かお》よ〜！」と叫《さけ》んで投《な》げると、アンパンマンの頭《あたま》はバックスクリーンを直撃《ちょくげき》する……！

112kgのアンパンを作《つく》るジャムおじさんに、それを136mも投《な》げるバタコさん。そして、それを体《からだ》に載《の》っけて今日《きょう》も戦《たたか》うアンパンマン！　この3人《にん》の恐《おそ》るべき実力者《じつりょくしゃ》がいる限《かぎ》り、町《まち》の平《へい》和《わ》は安泰《あんたい》であろう。

とっても気《き》になるラノベの疑問《ぎもん》

『とある魔術《まじゅつ》の禁書目録《インデックス》』のヒロインは、10万《まん》冊《さつ》の魔道書《まどうしょ》を記憶《きおく》しています。そんなに覚《おぼ》えられますか？

ライトノベル『とある魔術《まじゅつ》の禁書目録《インデックス》』は、10万《まん》3千冊《ぜんさつ》の魔道書《まどうしょ》（魔術《まじゅつ》の呪文《じゅもん》が記《しる》された本《ほん》）をすべて記憶《きおく》した少女《しょうじょ》インデックスをめぐって、超能力《ちょうのうりょく》と魔術《まじゅつ》が激突《げきとつ》する物語《ものがたり》だ。

イギリスにある「必要悪の教会《ネセサリウス》」は、魔術師《まじゅつし》に対抗《たいこう》するために魔術《まじゅつ》を研究《けんきゅう》しようと考《かんが》えた。だが、自分《じぶん》たちが魔道書《まどうしょ》を読《よ》めば、魂《たましい》が汚《けが》れてしまう。そこで、完全記憶能力《かんぜんきおくのうりょく》を持《も》つ少女《しょうじょ》インデックスに、魔道書《まどうしょ》10万《まん》3千冊《ぜんさつ》の一字一句《いちじいっく》すべてを記憶《きおく》させた。このためインデックスは魔術師《まじゅつし》の組織《そしき》に狙《ねら》われることとなり、主人公《しゅじんこう》の上条当麻《かみじょうとうま》は超能力《ちょうのうりょく》で彼女《かのじょ》を守《まも》る——。

劇中《げきちゅう》、当麻《とうま》の目《め》にはインデックスは14～15歳《さい》に見《み》えていた。彼《かれ》の推測《すいそく》が当《あ》たっていて、彼女《かのじょ》が

文字《もじ》を5歳《さい》で覚《おぼ》えたと仮定《かてい》すれば、魔道書《まどうしょ》の記憶《きおく》に使《つか》えた時間《じかん》は、最大《さいだい》で10年《ねん》ということになる。

これだけの時間《じかん》があれば、10万《まん》3千冊《ぜんさつ》の本《ほん》を完全《かんぜん》に記憶《きおく》できるのだろうか？

◆記憶力《きおくりょく》は筆者《ひっしゃ》の6万《まん》9千倍《せんばい》！

完全記憶能力《かんぜんきおくのうりょく》とは「一度見《いちどみ》たものを一瞬《いっしゅん》で覚《おぼ》えて、一字一句《いちじいっく》を永遠《えいえん》に記憶《きおく》し続《つづ》ける能力《のうりょく》」だという。これはうらやましい。筆者《ひっしゃ》は高校時代《こうこうじだい》、社会科《しゃかいか》などの暗記教科《あんききょうか》が猛烈《もうれつ》に苦手《にがて》だったのだ。

特《とく》に世界史《せかいし》はヒドかった。大学入試《だいがくにゅうし》の共通一次試験《きょうつういちじしけん》(現在《げんざい》のセンター試験《しけん》)は、一浪《いちろう》したのに45点《てん》。世界史《せかいし》を教《おそ》わった高《こう》2から浪人《ろうにん》までの3年《ねん》をかけて、1冊《さつ》の教科書《きょうかしょ》の内容《ないよう》を45%しか覚《おぼ》えられなかったとは残念《ざんねん》だ。10年《ねん》で10万《まん》3千冊《ぜんさつ》を完全記憶《かんぜんきおく》したインデックスに比《くら》べれば、筆者《ひっしゃ》の記憶力《きおくりょく》は、彼女《かのじょ》のわずか6万《まん》9千分《せんぶん》の1ということになる。うひ〜。

いや、この評価《ひょうか》は筆者《ひっしゃ》に甘《あま》すぎる。共通一次試験《きょうつういちじしけん》やセンター試験《しけん》は選択式《せんたくしき》だから、たとえば「ヒマラヤ山脈《さんみゃく》」を「ヒマヤラ山脈《さんみゃく》」などと間違《まちが》えて覚《おぼ》えていても正解《せいかい》できるだろう。だが、インデックスの場合《ばあい》は、記憶《きおく》するのが呪文《じゅもん》なのだから、一字一句正確《いちじいっくせいかく》に覚《おぼ》えなければならない。

そもそも、魔道書《まどうしょ》10万《まん》3千冊《ぜんさつ》とは、どれほどの情報量《じょうほうりょう》なのか？　自分《じぶん》の本棚《ほんだな》から魔道書《まどうしょ》に近《ちか》いと思《おも》われる本《ほん》を探《さが》すと、おお、あった。『ノストラダムス大予言《だいよげん》　原典《げんてん》　諸世紀《しょせいき》』(ミカエル・ノストラダムス著／たま出版《しゅっぱん》）。原書《げんしょ》は1555年《ねん》に書《か》かれたのに「1999年《ねん》7月《がつ》に世界《せかい》が滅亡《めつぼう》する」と予言《よげん》していることで、かつて騒《さわ》がれた奇書《きしょ》だ。この『大予言《だいよげん》』を開《ひら》くと、そこには未来《みらい》を暗示《あんじ》する965編《へん》の詩《し》が綴《つづ》られている。『とある魔術《まじゅつ》』の魔道書《まどうしょ》にも1冊《さつ》あたり同《おな》じ数《かず》の呪文《じゅもん》が載《の》っていると仮定《かてい》すれば、インデックスが覚《おぼ》えた呪文《じゅもん》の数《かず》は965編《へん》×10万《まん》3千冊《ぜんさつ》＝9939万《まん》5千《せん》編《ぺん》。ほぼ1億編《おくへん》だが、これほどの呪文《じゅもん》を人間《にんげん》の頭《あたま》に収納《しゅうのう》できるのか!?

◆さあ、あなたも覚《おぼ》えよう

ビビッていないで、実際《じっさい》にやってみよう。魔道書《まどうしょ》に書《か》かれていたのは、次《つぎ》のような呪文《じゅもん》だった。

世界《せかい》を構築《こうちく》する五大元素《ごだいげんそ》の一《ひと》つ、偉大《いだい》なる始《はじ》まりの炎《ほのお》よ
それは生命《せいめい》を育《はぐく》む恵《めぐ》みの光《ひかり》にして、邪悪《じゃあく》を罰《ばっ》する裁《さば》きの光《ひかり》なり
それは穏《おだ》やかな幸福《こうふく》を満《み》たすと同時《どうじ》に、冷《つめ》たき闇《やみ》を滅《めっ》する凍《こご》える不幸《ふこう》なり
その名《な》は炎《ほのお》、その役《やく》は剣《けん》
顕現《けんげん》せよ、わが身《み》を食《く》らいて力《ちから》と為《な》せ

これは、胸《むね》から炎《ほのお》を出《だ》す魔術《まじゅつ》の呪文《じゅもん》である。
筆者《ひっしゃ》がチャレンジしたら、胸《むね》から炎《ほのお》は出《で》なかったが、暗記《あんき》するのに2分《ふん》36秒《びょう》かかった。では、

インデックスは？

10年《ねん》で９９３９万《まん》５千《せん》の呪文《じゅもん》を記憶《きおく》するには、１日《にち》に２万《まん》７２１３を覚《おぼ》えなければならないことになる。彼女《かのじょ》が１日《にち》に15時《じ》間《かん》を記憶《きおく》に充《あ》てたとしても、一《ひと》つの呪文《じゅもん》を覚《おぼ》えるのにかけた時《じ》間《かん》は、わずか２秒《びょう》！

記憶《きおく》のスピードは筆者《ひっしゃ》の78倍《ばい》。さらにすごいのは、こうして覚《おぼ》えた１億《おく》もの呪文《じゅもん》を、永遠《えいえん》に記《き》憶《おく》していることだ。筆者《ひっしゃ》の場合《ばあい》は……、ありゃっ、もう忘《わす》れている！　まったく勝負《しょうぶ》になりませんな。

◆役《やく》に立《た》つ能力《のうりょく》かなあ？

それにしても呪文一《じゅもんひと》つに2秒《びょう》とは、あまりにも短《みじか》い。これはもう、インデックスの記憶方法《きおくほうほう》は、一般《いっぱん》の人間《にんげん》とは根本的《こんぽんてき》に違《ちが》うはず、と考《かんが》えたほうがいいだろう。

2秒《びょう》で暗記《あんき》するとしたら、写真《しゃしん》でも撮《と》るように、ページをそのまま映像《えいぞう》として記憶《きおく》するしかないと思《おも》う。インデックスの記憶方法《きおくほうほう》がこの推測《すいそく》どおりであれば、呪文《じゅもん》の文章《ぶんしょう》がどんなに長《なが》かろうと、内容《ないよう》がどんなに難《むずか》しかろうと、関係《かんけい》ない。カメラが本《ほん》の見開《みひら》きをパチリと撮《と》るように、片《かた》っ端《ぱし》から覚《おぼ》えてしまえるはずである。

ああ、ますます身《み》につけたい記憶力《きおくりょく》だ。これをマスターすれば、400ページの世界史《せかいし》の教科《きょうか》書《しょ》をたった6分《ぷん》40秒《びょう》で丸暗記《まるあんき》できて、永遠《えいえん》に忘《わす》れない！　大学入試《だいがくにゅうし》にもリベンジできる！

……と思《おも》ったが、本当《ほんとう》にそうか？　テストに答《こた》えるには、暗記《あんき》しただけで内容《ないよう》のわかっていない文《ぶん》を、頭《あたま》の中《なか》で読《よ》んでいかねばならない。教科書《きょうかしょ》を読《よ》むよりツライだろうし、そもそも試験時《しけんじ》間中《かんちゅう》に読《よ》み終《お》わるかどうか……。やっぱり45点《てん》くらいしか取《と》れない気《き》がするなあ。

だが、物語《ものがたり》での活躍《かつやく》を見《み》ると、インデックスは記憶《きおく》すると同時《どうじ》に、中身《なかみ》も理解《りかい》しているようだ。たった2秒《びょう》で！　どうすればそんなことができるのか、筆者《ひっしゃ》には全然《ぜんぜん》わかりません。

そういう能力《のうりょく》のないわれわれは、地道《じみち》に努力《どりょく》するしかないですね。ともに頑張《がんば》りましょー。

とっても気《き》になるアニメの疑問《ぎもん》

『戦国《せんごく》BASARA《バサラ》』の伊達政宗《だてまさむね》は六刀流《ろくとうりゅう》の使《つか》い手《て》です。実際《じっさい》にそんなことができますか?

ゲームからアニメや映画《えいが》になった『戦国《せんごく》BASARA《バサラ》』は、ヒジョーに面白《おもしろ》い。実在《じつざい》した戦国《せんごく》武将《ぶしょう》たちがたくさん登場《とうじょう》するのだが、どいつもこいつも身体能力《しんたいのうりょく》がすさまじいのだ。50mぐらいジャンプするのは当《あ》たり前《まえ》。槍《やり》に乗《の》って空《そら》を飛《と》んだり、パンチ一発《いっぱつ》で海《うみ》を干上《ひあ》がらせたり……。もちろん、戦国時代《せんごくじだい》の人々《ひとびと》がそんな力《ちから》を持《も》っていたはずがはない。『戦国《せんごく》BASA《バサ》RA《ラ》』が武将《ぶしょう》たちの魅力《みりょく》を伝《つた》えるために、大胆《だいたん》に誇張《こちょう》して描《えが》いているのだろう。

ここで紹介《しょうかい》する伊達政宗《だてまさむね》は、そうした武将《ぶしょう》たちの代表格《だいひょうかく》だ。彼《かれ》は、左右《さゆう》の腰《こし》に3本《ぼん》ずつ、合計《ごうけい》6本《ぽん》もの刀《かたな》を差《さ》している。六刀流《ろくとうりゅう》であり、その名《な》も、「六爪流《ろくそうりゅう》」。

政宗《まさむね》も普段《ふだん》は一刀流《いっとうりゅう》で戦《たたか》うのだが、いざ勝負《しょうぶ》となれば片手《かたて》に3本《ぼん》ずつの刀《かたな》を握《にぎ》る。「奥州筆頭《おうしゅうひっとう》、伊達政宗《だてまさむね》、推《お》して参《まい》る！」と名乗《なの》りを上《あ》げて突進《とっしん》し、6本同時《ぽんどうじ》にぶん回《まわ》す。この豪快《ごうかい》な攻撃《こうげき》で、城門《じょうもん》は打《う》ち破《やぶ》られ、敵兵《てきへい》たちはバラバラと空中《くうちゅう》に跳《は》ね飛《と》ばされる。

二刀流《にとうりゅう》でも相当《そうとう》すごいと思《おも》うが、その3倍《ばい》もの刀《かたな》を使《つか》えたらどれほど強《つよ》いのか。いや、その前《まえ》に、本当《ほんとう》にそんなことができるのか？　ここではアニメ版《ばん》の描写《びょうしゃ》で考《かんが》えよう。

◆ぐわわッ、指《ゆび》が痛《いた》い！

日本刀《にほんとう》の重《おも》さは1kgほどだ。少年野球《しょうねんやきゅう》のバット（570〜590g）の2倍近《ばいちか》くも重《おも》く、プロ野《や》球選手《きゅうせんしゅ》が使《つか》うバット（820〜900g）よりさらに重《おも》い。そんなものを6本《ぽん》も腰《こし》に差《さ》していたら、合計《ごうけい》6kg。2L《リットル》入《い》りのペットボトル3本《ぼん》を持《も》ち歩《ある》いているのと同《おな》じであり、それだけで戦《たたか》いに不《ふ》利《り》なのではないかなあ。

などと小《ちい》さな心配《しんぱい》をするのは、筆者《ひっしゃ》が凡人《ぼんじん》だからであろう。伊達政宗《だてまさむね》は重《おも》さなど気《き》にも留《と》めずに刀《かたな》6本《ぽん》を持《も》ち歩《ある》き、片手《かたて》で3本《ぼん》ずつ握《にぎ》って振《ふ》り回《まわ》すのだ。

そんなことができるかどうか、まずは実験《じっけん》してみよう。

筆者《ひっしゃ》の手元《てもと》には、研究用《けんきゅうよう》に買《か》い求《もと》めた模造刀《もぞうとう》がある。それでは足《た》りないから、武道具屋《ぶどうぐや》さんに重《おも》さ1kgの木刀《ぼくとう》を買《か》いにいった。出《で》てきたのは素振《すぶ》り用《よう》のぶっとい木刀《ぼくとう》。普通《ふつう》の木刀《ぼくとう》は500gしかないという。さらに、自宅《じたく》に戻《もど》ってハンマーの柄《え》にオモリをつけて1kgにした。なぜ木刀《ぼくとう》を2本《ほんか》買わなかったかというと、思《おも》ったより高《たか》かったからですね。財力《ざいりょく》のない私《わたし》を許《ゆる》して～。

さて、政宗《まさむね》は3本《ぼん》もの刀《かたな》をどうやって持《も》っているのか。アニメを見《み》ると、なんと人差《ひとさ》し指《ゆび》と中《なか》指《ゆび》、中指《なかゆび》と薬指《くすりゆび》、薬指《くすりゆび》と小指《こゆび》の間《あいだ》に1本《ぽん》ずつ挟《はさ》んでいる。え～っ、そんなこと可能《かのう》なの!?

どう考《かんが》えても痛《いた》そうだが、覚悟《かくご》を決《き》めてまずは1本目《ぽんめ》を人差《ひとさ》し指《ゆび》と中指《なかゆび》の間《あいだ》に挟《はさ》む。うおっ、重《おも》い。持《も》ち上《あ》げるのがやっとで、振《ふ》り回《まわ》すどころではない。続《つづ》いて、2本目《ほんめ》を中指《なかゆび》と薬指《くすりゆび》の間《あいだ》に押《お》し込《こ》む。うぐぐっ、強引《ごういん》に開《ひら》かれた薬指《くすりゆび》の付《つ》け根《ね》が痛《いた》い。両側《りょうがわ》から挟《はさ》みつけられる中指《なかゆび》もすごく痛《いた》い！

もう勘弁《かんべん》してもらいたいが、これも空想科学《くうそうかがく》のためと自分《じぶん》を叱咤激励《しったげきれい》し、3本目《ぼんめ》を薬指《くすりゆび》と小指《こゆび》の間《あいだ》にネジ入《い》れる。ぐわわっ、モーレツに痛《いた》い！　中指《なかゆび》と薬指《くすりゆび》が圧迫骨折《あっぱくこっせつ》しそうだ！　小指《こゆび》の付《つ》け根《ね》も脱臼《だっきゅう》せんばかり！　ぐわわッ、ぐわわッ！

持《も》ち上《あ》げようとしてはみるのだが、腕力《わんりょく》の限界《げんかい》というより、痛《いた》みへの忍耐《にんたい》の限界《げんかい》で、もうまったく無理《むり》。これで戦《たたか》うなんて、想像《そうぞう》もできまっしぇん。

以上《いじょう》の実験《じっけん》で、シミジミとわかった。筆者《ひっしゃ》のような未熟者《みじゅくもの》が、戦場《せんじょう》で六爪流《ろくそうりゅう》を使《つか》うと、刀《かたな》を持《も》ち上《あ》げようと四苦八苦《しくはっく》しているうちに、四方八方《しほうはっぽう》から斬《き》られます。無念《むねん》じゃ〜。

◆びっくり、政宗《まさむね》の指《ゆび》の力《ちから》!

この実験《じっけん》でわかったのは、政宗《まさむね》の指《ゆび》の力《ちから》が尋常《じんじょう》ではないということだ。筆者《ひっしゃ》には痛《いた》くて持《も》つことさえできないのに、目《め》にも留《と》まらぬ速《はや》さで振《ふ》り回《まわ》し、敵兵《てきへい》を同時《どうじ》に何人《なんにん》もぶっ飛《と》ばすのだから。

これをやってのける伊達政宗《だてまさむね》の指《ゆび》の力《ちから》はどれほどなのか?

同時《どうじ》に何人《なんにん》もぶっ飛《と》ばすのだから、1本《ぽん》の刀《かたな》で少《すく》なくとも1人《ひとり》を飛《と》ばすと考《かんが》えよう。アニメを観察《かんさつ》すると、敵《てき》は高度《こうど》10mぐらいまで飛《と》ばされている。人間《にんげん》をこの高《たか》さまで飛《と》ばすには、時速《じそく》50kmで打《う》ち上《あ》げねばならない。

戦国時代《せんごくじだい》の鎧《よろい》や兜《かぶと》は25kgもあったというから、敵《てき》の重量《じゅうりょう》は武器《ぶき》を含《ふく》めて100kgと考《かんが》えていいだろう。これを時速《じそく》50kmで打《う》ち上《あ》げるなど、常識《じょうしき》では考《かんが》えられないことだ。100kgとは刀《かたな》の重《おも》さの100倍《ばい》なので、敵《てき》を時速《じそく》50kmで飛《と》ばすには、刀《かたな》をその100倍《ばい》の速度《そくど》でぶつける必要《ひつよう》がある。つまり時速《じそく》5千《せん》km＝マッハ4・1。ライフル銃《じゅう》の弾丸《だんがん》でさえマッハ3だから、政宗《まさむね》の六爪《ろくそう》はそれより速《はや》い。

このオドロキの剣速《けんそく》を可能《かのう》にする指《ゆび》の力《ちから》を計算《けいさん》すると、なんと43tである。筆者《ひっしゃ》が自分《じぶん》の指《ゆび》の

力《ちから》を計《はか》ってみると、２kgが限界《げんかい》。政宗《まさむね》は、筆者《ひっしゃ》より2万《まん》１５００倍《ばい》も力持《ちからも》ちである！

◆六刀流《ろくとうりゅう》の利点《りてん》は何《なん》だろう？

伊達政宗《だてまさむね》がすさまじい指《ゆび》の力《ちから》を持《も》っていることはわかった。だが、ここまでで検証《けんしょう》できたのは、それだけの力《ちから》があれば六爪《ろくそう》が使《つか》えるということだ。使《つか》えたとしても、戦《たたか》いに有利《ゆうり》かどうかは、別《べつ》の問題《もんだい》である。片手《かたて》に刀《かたな》を3本《ぼん》持《も》つことの利点《りてん》は、何《なん》だろうか？

せっかく3本《ぼん》の刀《かたな》を持《も》ってい

るのだから、同時《どうじ》に3人《にん》を攻撃《こうげき》したいところである。アニメの画面《がめん》を見《み》ると、政宗《まさむね》は3本《ぼん》の刀《かたな》を隣同士《となりどうし》が30度《ど》ぐらいになる角度《かくど》で持《も》っている。このような持《も》ち方《かた》をすれば、切《き》っ先《さき》の間隔《かんかく》は、隣《となり》同士《どうし》が39㎝、端《はし》と端《はし》が76㎝になる。

すると、敵《てき》が39㎝の間隔《かんかく》で立《た》っていてくれれば、真上《まうえ》から刀《かたな》を振《ふ》り下《お》ろすことによって、同時《どうじ》に3人《にん》を攻撃《こうげき》できるだろう。これは成人男子《せいじんだんし》の肩幅《かたはば》より狭《せま》いから、互《たが》いに肩《かた》を重《かさ》ね合《あ》わせてぎゅうぎゅうに詰《つ》め合《あ》わなければ、39㎝間隔《かんかく》で立《た》つことはできない。そんなにくっつき合《あ》って、斬《き》られるのをおめおめと待《ま》っているようなマヌケな相手《あいて》がいるのか!?

もちろん利点《りてん》も考《かんが》えられる。たとえば敵《てき》が1人《ひとり》なら、3本《ぼん》の刀《かたな》を同時《どうじ》にぶち当《あ》てることによって、与《あた》える衝撃《しょうげき》を3倍《ばい》にできる。すると、敵《てき》が飛《と》ばされる速度《そくど》は3倍《ばい》、高度《こうど》や距離《きょり》は9倍《ばい》となる。真上《まうえ》に打《う》ち上《あ》げれば、到達高度《とうたつこうど》はなんと90m！　政宗《まさむね》の六爪《ろくそう》をまともに受《う》けた者《もの》は、現代《げんだい》だったら高層《こうそう》ビルの30階《かい》の窓《まど》にぶち当《あ》たってしまうのだ。やられる側《がわ》としては、もう「普通《ふつう》に斬《き》ってくれ」と言《い》いたくなるんじゃないか。

ここまでスゴイことができるとなると、やはり『戦国《せんごく》BASARA《バサラ》』は、武将《ぶしょう》たちの力《ちから》を誇張《こちょう》して描《えが》いているのだろう。ただし、誇張《こちょう》のレベルが尋常《じんじょう》ではない。ホントにすごいよ、この作品《さくひん》。

とっても気《き》になる昔話《むかしばなし》の疑問《ぎもん》

ロシア民話《みんわ》『大《おお》きなかぶ』で、カブは多《おお》くの人《ひと》や動物《どうぶつ》が引《ひ》っ張《ぱ》ってもなかなか抜《ぬ》けませんでした。なぜでしょうか？

ロシア民話《みんわ》『大《おお》きなかぶ』は、日本《にほん》で発行《はっこう》されている小学校《しょうがっこう》1年生《ねんせい》の「国語《こくご》」の教科書《きょうかしょ》すべてに載《の》っているという。いわれてみれば、筆者《ひっしゃ》も子《こ》どもの頃《ころ》に読《よ》んだような気《き》がするが、詳細《しょうさい》を覚《おぼ》えていない。そこで、光村図書版《みつむらとしょばん》の教科書《きょうかしょ》を読《よ》んでみると、こんなお話《はなし》である。

おじいさんがカブの種《たね》をまきました。やがて甘《あま》い大《おお》きなカブができたので、おじいさんは抜《ぬ》こうとするが、抜《ぬ》けない。おばあさんが後《うし》ろからおじいさんを引《ひ》っ張《ぱ》るが、それでも抜《ぬ》けない。さらに孫《まご》がおばあさんを引《ひ》っ張《ぱ》っても、まだ抜《ぬ》けない。孫《まご》を犬《いぬ》が引《ひ》っ張《ぱ》り、犬《いぬ》をネコが引《ひ》っ張《ぱ》っても抜《ぬ》けず、ネズミがネコを引《ひ》っ張《ぱ》ると「とうとう、かぶは　ぬけました」。

うーむ、みんなで協力《きょうりょく》することの大切《たいせつ》さを説《と》いた、素晴《すば》らしい話《はなし》ですなあ。最後《さいご》に、小《ち》さなネズミの力《ちから》が勝利《しょうり》を呼《よ》んだという結末《けつまつ》など、ちょっと勇気《ゆうき》が湧《わ》いてくる。

しかし、なぜこのカブはこんなにも抜《ぬ》けなかったのか？　誰《だれ》もが知《し》る物語《ものがたり》を科学的《かがくてき》に考《かんが》えてみると、実《じつ》は意外《いがい》な問題点《もんだいてん》が見《み》えてくるのだ。

◆カブの重《おも》さは車《くるま》ほども！

まずは、おじいさんたちが引《ひ》き抜《ぬ》いたカブの大《おお》きさと重《おも》さを求《もと》めよう。

光村図書《みつむらとしょ》の教科書《きょうかしょ》の挿絵《さしえ》で計測《けいそく》すると、カブの直径《ちょっけい》はおじいさんの身長《しんちょう》の76％にあたる。おじいさんは、おじいさんとはいえロシアの人《ひと》だから、身長《しんちょう》１８０㎝と仮定《かてい》しよう。すると、カブの直径《ちょっけい》は１ｍ37㎝。これは本当《ほんとう》に大《おお》きなカブである。

では、一般的《いっぱんてき》なカブの大《おお》きさはどれほどか？　近所《きんじょ》の八百屋《やおや》さんでカブを買《か》ってきて測《はか》ると、直径《ちょっけい》６・２㎝、重《おも》さ１３０ｇだった。おじいさんのカブの直径《ちょっけい》は、実《じつ》にその22倍《ばい》である。形《かたち》が同《おな》じなら縦《たて》も横《よこ》も高《たか》さも22倍《ばい》になるから、重《おも》さは０・１３kg×22×22×22＝１４００kg。なんと１・４ｔ、大《おお》きめの乗用車《じょうようしゃ》ほども重《おも》い。育《そだ》てすぎだよ、おじいさん！

この巨大《きょだい》なカブを抜《ぬ》くには、どれほどの力《ちから》が必要《ひつよう》なのか。重《おも》さが１・４ｔだからといって、

1・4tの力《ちから》で抜《ぬ》けるわけではない。カブは地面《じめん》に埋《う》まっており、カブに被《かぶ》さった土《つち》を崩《くず》すのにも力《ちから》が必要《ひつよう》だからだ。

挿絵《さしえ》では、カブには6枚《まい》の葉《は》っぱが生《は》えている。おじいさんは両手《りょうて》でそのうち2本《ほん》の葉《は》をつかみ、地面《じめん》に対《たい》して20度《ど》ぐらいの角度《かくど》で引《ひ》っ張《ぱ》っている。このように横向《よこむ》きに引《ひ》っ張《ぱ》ると、カブは根《ね》っこを中心《ちゅうしん》に回転《かいてん》するため、まっすぐ上《うえ》に抜《ぬ》くより大量《たいりょう》の土《つち》を崩《くず》すことになる。これに必要《ひつよう》な力《ちから》は計算《けいさん》では求《もと》められないから、実験《じっけん》をしてみよう。

筆者《ひっしゃ》は買《か》ったカブを持《も》って近所《きんじょ》の公園《こうえん》に出《で》かけた。それを砂場《すなば》に埋《う》め、2枚《まい》の葉《は》っぱを凧糸《たこいと》でバネばかりにつなぎ、挿絵《さしえ》と同《おな》じように20度《ど》の角度《かくど》で引《ひ》っ張《ぱ》ってみる。カブが抜《ぬ》けたのは、バネばかりが500gを表示《ひょうじ》した瞬間《しゅんかん》だった。

これは、カブの重《おも》さの3・9倍《ばい》である。崩《くず》さねばならない土《つち》の量《りょう》はカブの大《おお》きさに比例《ひれい》するから、おじいさんの大《おお》きなカブを抜《ぬ》くにも、重《おも》さの3・9倍《ばい》の力《ちから》が必要《ひつよう》なはずだ。すると、1・4tの3・9倍《ばい》で、ぎょえっ、5・4t!?

人間《にんげん》が地面《じめん》に埋《う》まったものを抜《ぬ》こうとするとき、使《つか》うのは背筋《はいきん》である。日本人《にほんじん》の成人男性《せいじんだんせい》の背《はい》筋力《きんりょく》は、20代《だい》から30代《だい》にかけてもっとも強《つよ》く、平均《へいきん》で145kgぐらい。その37倍《ばい》もの力《ちから》が必要《ひつよう》とあっては、そう簡単《かんたん》に抜《ぬ》けなくって当然《とうぜん》だッ!

◆どいつもこいつも力持《ちからも》ち！

いや、そんなふうに断言《だんげん》するのはよくない。おじいさんたちが最終的《さいしゅうてき》にカブを抜《ぬ》いたのは、この民話《みんわ》における厳然《げんぜん》たる事実《じじつ》。みんなとっても力持《ちからも》ちだったと考《かんが》えるべきだろう。

では、メンバー各人《かくじん》は具体的《ぐたいてき》にどれだけの力《ちから》を発揮《はっき》したのか。３人《にん》と３匹《びき》の腕力《わんりょく》が、それぞれの体重《たいじゅう》に比例《ひれい》すると仮定《かてい》する。体重《たいじゅう》も想定《そうてい》するしかないが、おじいさんが80kg、おばあさんが60kg、孫娘《まごむすめ》が40kg、犬《いぬ》が10kg、ネコが３kg、ネズミが１００gだと考《かんが》えよう。

すると、それぞれが出《だ》した力《ちから》はこうなる。まず、おじいさんが２２３６kg。成人男性《せいじんだんせい》の15倍《ばい》！　そして、おばあさんが１６７８kg、孫《まご》が１１１９kg、犬《いぬ》が２８０kg、ネコが84kg、ネズミが３kg。ネズミが出《だ》した力《ちから》は、筆者《ひっしゃ》が想定《そうてい》したネコの体重《たいじゅう》と同《おな》じである。想像《そうぞう》していただきたい。ネコを堂々《どうどう》リフトアップするネズミの勇姿《ゆうし》を！

このツワモノたちが合計《ごうけい》５・４tの力《ちから》を出《だ》した結果《けっか》、カブはめでたく抜《ぬ》けたわけだ。しかし、おじいさんたちの引《ひ》っ張《ぱ》り方《かた》は、科学的《かがくてき》にかなり問題《もんだい》があったといわざるを得《え》ない。

最《もっと》も苦労《くろう》したのはおじいさんである。カブの葉《は》っぱを直接《ちょくせつ》引《ひ》っ張《ぱ》っているのはおじいさんだけだから、おばあさんとそれに続《つづ》く人々《ひとびと》の力《ちから》は、おじいさんの腕《うで》を通《つう》じてカブに働《はたら》くことになる。おばあさんがおじいさんを引《ひ》っ張《ぱ》ったとき、おじいさんの腕《うで》には、自分《じぶん》の力《ちから》２２３６kgとおばあ

さんの力《ちから》１６７８kgを合《あ》わせた３９１４kgの力《ちから》が働《はたら》いていた。この段階《だんかい》で、おじいさんの腕《うで》には実力以上《じつりょくいじょう》の力《ちから》がかかっていたことになる。おばあさんを孫《まご》が引《ひ》っ張《ぱ》ると、これに１１１９kgが加《くわ》わって５０３３kg。さらに、犬《いぬ》、ネコ、ネズミが引《ひ》っ張《ぱ》ると、最終的《さいしゅうてき》には５４００kg。結局《けっきょく》おじいさんは、カブを抜《ぬ》くための力《ちから》を１人《ひとり》で負担《ふたん》せねばならない。

つまり、このお話《はなし》のように「直列《ちょくれつ》つなぎ」で引《ひ》っ張《ぱ》ると、手伝《てつだ》う人《ひと》が増《ふ》えれば増《ふ》えるほど、先頭《せんとう》のおじいさんは苦《くる》しくなっていくのである。

筆者《ひっしゃ》としては、「並列《へいれつ》つなぎ」で引《ひ》っ張《ぱ》ってほしかったと思《おも》う。挿絵《さしえ》を見《み》ると、葉《は》っぱはちょうど6枚《まい》ある。これを各人《かくじん》・各動物《かくどうぶつ》が1本《ぽん》ずつ引《ひ》っ張《ぱ》れば、おばあさん以下《いか》2人《ふたり》と3匹《びき》の力《ちから》は、おじいさんの腕《うで》にかからずに済《す》んだはずだ。

それだけではない。みんなで葉《は》っぱを1本《ぽん》ずつ握《にぎ》ると、カブをぐるりと取《と》り囲《かこ》んで真上《まうえ》に引《ひ》っ張《ぱ》ることになる。その結果《けっか》、崩《くず》れる土《つち》の量《りょう》が少《すく》なくなり、カブを抜《ぬ》くのに必要《ひつよう》な力《ちから》も小《ちい》さくなる。その力《ちから》を求《もと》めるために再《ふたた》び公園《こうえん》で実験《じっけん》すると、カブを真上《まうえ》に引《ひ》いたら200gの力《ちから》で抜《ぬ》けた。ここから計算《けいさん》すれば、おじいさんのカブは合計《ごうけい》2・2tの力《ちから》で抜《ぬ》けるはずだ。

これを体重《たいじゅう》に応《おう》じて配分《はいぶん》すれば、それぞれが出《だ》すべき力《ちから》は、おじいさんが911kg、おばあさんが684kg、孫《まご》が456kg、犬《いぬ》が114kg、ネコが34kg、ネズミが1kg。おお、まだまだ驚異《きょうい》の怪力《かいりき》とはいえ、さっきより格段《かくだん》に楽《らく》になった。おじいさんなど、直列《ちょくれつ》つなぎでは5400kgだったから、一挙《いっきょ》に6分《ぶん》の1である。

人間《にんげん》や動物《どうぶつ》が協力《きょうりょく》するのも大切《たいせつ》だが、正《ただ》しい方法《ほうほう》で負担《ふたん》を分《わ》かち合《あ》うのも大事《だいじ》。このロシア民話《みんわ》を科学的《かがくてき》に考《かんが》えると、そんな教訓《きょうくん》もみえてくるのだ。

とっても気《き》になるマンガの疑問《ぎもん》

『ゲゲゲの鬼太郎《きたろう》』の目玉《めだま》おやじは、なぜ目玉《めだま》だけで生《い》きていけるのですか？

目玉《めだま》だけの頭《あたま》に、小《ちい》さな体《からだ》。『ゲゲゲの鬼太郎《きたろう》』の目玉《めだま》おやじは印象深《いんしょうぶか》いキャラクターだ。

まあ、あのヒトは妖怪《ようかい》だから、どんな姿《すがた》であっても不思議《ふしぎ》ではない。ところが、マンガを読《よ》むと、目玉《めだま》おやじもあの姿《すがた》で生《う》まれてきたわけではなかったことがわかる。鬼太郎《きたろう》の両親《りょうしん》は、われわれ人間《にんげん》や鬼太郎《きたろう》と同《おな》じような肉体《にくたい》を持《も》っていたのだ。

マンガの「鬼太郎《きたろう》の誕生《たんじょう》」というエピソードによると、鬼太郎《きたろう》の両親《りょうしん》は幽霊族《ゆうれいぞく》の最後《さいご》の生《い》き残《のこ》りだった。だが2人《ふたり》とも、鬼太郎《きたろう》が生《う》まれる直前《ちょくぜん》に病気《びょうき》で死《し》んでしまう。母《はは》の死後《しご》、墓《はか》の下《した》で生《う》まれた赤《あか》ん坊《ぼう》は自力《じりき》で地上《ちじょう》に這《は》い出《だ》した。一方《いっぽう》、父親《ちちおや》の死体《したい》からは、目玉《めだま》だけがよみがえり、小《ちい》さな体《からだ》が生《は》えておなじみの目玉《めだま》おやじとなった。目玉《めだま》おやじは墓場《はかば》に向《む》かい、赤《あか》ん坊《ぼう》を「鬼太《きた》郎《ろう》」と呼《よ》んで、その成長《せいちょう》を見守《みまも》ることとなる。「見守《みまも》る」ために、目玉《めだま》がよみがえったのだろう。

しかし、口《くち》も鼻《はな》もない目玉《めだま》だけの頭《あたま》となって生《い》きていけるのか？ 目玉《めだま》おやじは鬼太郎《きたろう》を心配《しんぱい》してよみがえったのだろうが、科学的《かがくてき》には、お父上《ちちうえ》の命《いのち》のほうがよっぽど心配《しんぱい》である。

◆日常生活《にちじょうせいかつ》が死《し》と隣《とな》り合《あ》わせ！

目玉《めだま》おやじは、人間《にんげん》のような形《かたち》をした小《ちい》さな体《からだ》の上《うえ》に、本来《ほんらい》は頭《あたま》がある場所《ばしょ》に大《おお》きな目《め》がついている。その身長《しんちょう》は、鬼太郎《きたろう》の頭部《とうぶ》の半分《はんぶん》ぐらいで、およそ10㎝ほどもある。目玉《めだま》の直径《ちょっけい》と、首《くび》から下《した》の長《なが》さは同《おな》じくらいだ。すると、どちらも5㎝ということになる。

これはアンバランスではないだろうか。われわれ人間《にんげん》の眼球《がんきゅう》の直径《ちょっけい》は、平均《へいきん》2・4㎝。目玉《めだま》おやじの目玉《めだま》が5㎝なら、人間《にんげん》の眼球《がんきゅう》の2倍《ばい》も大《おお》きい。その一方《いっぽう》で、首《くび》から下《した》は人間《にんげん》の30分《ぶん》の1しかない。それぞれの重《おも》さを計算《けいさん》すると、目玉《めだま》は65g、首《くび》から下《した》はたったの2・3g。頭《あたま》(というか目玉《めだま》)の重《おも》さが体《からだ》の28倍《ばい》もあるのだ。

この組《く》み合《あ》わせを人間《にんげん》に置《お》き換《か》えると、首《くび》から下《した》は50kgなのに、頭部《とうぶ》が1・4tある人《ひと》、ということになる。1・4tは大型《おおがた》の乗用車《じょうようしゃ》ほどの重《おも》さだから、頭《あたま》がそんなに重《おも》かったら、立《た》ってい

るのもままならず、歩《ある》けばすぐに転《ころ》んで床《ゆか》に頭《あたま》をぶつけるだろう。目玉《めだま》おやじの場合《ばあい》、床《ゆか》にぶつけるのは、目《め》！　まぶたもないから猛烈《もうれつ》に痛《いた》いはずだ。
　また、目玉《めだま》おやじは茶碗《ちゃわん》にお湯《ゆ》を入《い》れてお風呂《ふろ》の代《か》わりにしていた。考《かんが》えてみれば、この行《こう》為《い》も実《じつ》に危険《きけん》だ。目玉《めだま》おやじは首《くび》から下《した》だけを湯《ゆ》ぶねに沈《しず》めていた。すると、体《からだ》はお湯《ゆ》の浮力《ふりょく》で浮《う》かぼうとするのに、目玉《めだま》の重《おも》さはそのまま体《からだ》にかかるから、お碗《わん》の中《なか》でぐるんと回転《かいてん》！　なす術《すべ》もなく溺《おぼ》れてしまうのでは

ないか。憩《いこ》いの入浴《にゅうよく》タイムも、目玉《めだま》おやじにとって命《いのち》がけの時間《じかん》なのだ。

心配《しんぱい》なのはそれだけではない。頭全体《あたまぜんたい》が目玉《めだま》ということは、口《くち》も鼻《はな》もないと考《かんが》えるべきだろう。するとごはんが食《た》べられなくて餓死《がし》、いやその前《まえ》に息《いき》ができなくて窒息死《ちっそくし》したりしないのか。

自然界《しぜんかい》に学《まな》べば、これは意外《いがい》に大丈夫《だいじょうぶ》かもしれない。たとえばカエルは肺《はい》でも呼吸《こきゅう》しているが、実《じつ》は皮膚《ひふ》で肺《はい》の2倍《ばい》の呼吸《こきゅう》をしている。皮膚《ひふ》のすぐ下《した》を毛細血管《もうさいけっかん》が通《とお》っていて、皮膚《ひふ》の粘膜《ねんまく》を通《つう》じて酸素《さんそ》と二酸化炭素《にさんかたんそ》を交換《こうかん》しているのだ。また、人間《にんげん》の肺《はい》も「肺胞《はいほう》」という毛細血管《もうさいけっかん》に包《つつ》まれた小《ちい》さな袋《ふくろ》に分《わ》かれていて、肺胞《はいほう》の粘膜《ねんまく》を通《つう》じて酸素《さんそ》と二酸化炭素《にさんかたんそ》を交換《こうかん》している。目玉《めだま》おやじの目玉《めだま》の表面《ひょうめん》が、カエルの皮膚《ひふ》や肺胞《はいほう》と同《おな》じ構造《こうぞう》なら、目《め》で呼吸《こきゅう》することも可能《かのう》だろう。

同《おな》じように、養分《ようぶん》の摂取《せっしゅ》もクリアできそうだ。人間《にんげん》は小腸《しょうちょう》の粘膜《ねんまく》から養分《ようぶん》を吸収《きゅうしゅう》している。目《め》玉《だま》おやじの場合《ばあい》、あの小《ちい》さな体《からだ》の表面《ひょうめん》が小腸《しょうちょう》の粘膜《ねんまく》と同《おな》じ構造《こうぞう》になっていれば、栄養《えいよう》たっぷりのスープに浸《つ》かるだけで栄養補給《えいようほきゅう》ができる。茶碗《ちゃわん》のお風呂《ふろ》にスープを入《い》れて、入浴《にゅうよく》タイム＝食事《しょくじ》の時間《じかん》にすることも可能《かのう》、ということになる。

◆とても寝《ね》てはいられない！

体《からだ》の構造《こうぞう》によっては、どうやら目玉《めだま》おやじも生《い》きていけそうだ。だが、健康《けんこう》に暮《く》らせるかどうかとなると、ちょっと不安《ふあん》が漂《ただよ》う。

第1の要因《よういん》は、やはり目《め》が大《おお》きすぎることだ。前述《ぜんじゅつ》したように、目玉《めだま》おやじの眼球《がんきゅう》の直径《ちょっけい》は人間《にんげん》の2倍《ばい》もある。直径《ちょっけい》が2倍《ばい》なら、瞳《ひとみ》の面積《めんせき》は4倍《ばい》あることになる。すると、目《め》に入《はい》ってくる光《ひかり》の量《りょう》は4倍《ばい》。目玉《めだま》おやじにとって、太陽《たいよう》の光《ひかり》は人間《にんげん》の4倍《ばい》もまぶしいはずなのだ。アニメの主題《しゅだい》歌《か》によれば、妖怪《ようかい》たちは「夜《よる》は墓場《はかば》で運動会《うんどうかい》」をしているらしいが、太陽光線《たいようこうせん》がまぶしすぎる目《め》玉《だま》おやじには、この生活《せいかつ》スタイルが向《む》いているでしょうなあ。

そして第《だい》2の要因《よういん》は、まぶたがないこと。右《みぎ》の主題歌《しゅだいか》によれば、鬼太郎《きたろう》や目玉《めだま》おやじは「朝《あさ》は寝床《ねどこ》でグーグーグー」と寝《ね》ているようだが、まぶたがなかったらこんなことはできない。人間《にんげん》の場合《ばあい》は、朝《あさ》の光《ひかり》がまぶたで和《やわ》らげられて目《め》に入《はい》ってくると、その優《やさ》しい刺激《しげき》で脳《のう》が目覚《めざ》める。ところが、まぶたのない目玉《めだま》おやじの目《め》には、朝日《あさひ》が直接差《ちょくせつさ》し込《こ》んできてしまう。これでは、脳《のう》が無理《むり》やり叩《たた》き起《お》こされることになる。

夜《よる》に活動《かつどう》して、朝《あさ》も早《はや》くから目《め》が覚《さ》める。そんな生活《せいかつ》をしていたら、いくら妖怪《ようかい》といえども体《からだ》に悪《わる》いだろう。健康《けんこう》のためには、やっぱり早寝早起《はやねはやお》きがいちばんだと思《おも》います。まあ、そんな健《けん》全《ぜん》な生活《せいかつ》をしている妖怪《ようかい》は怖《こわ》いのか、という問題《もんだい》は残《のこ》るケド。

とっても気《き》になるアニメの疑問《ぎもん》

『キャプテン翼《つばさ》』で、サッカーボールがぶつかり、コンクリートの壁《かべ》がへこみました。そんなことがあり得《え》ますか？

サッカーボールがコンクリートの壁《かべ》をへこませる！　考《かんが》えるまでもなく、大変《たいへん》な現象《げんしょう》だ。

アニメ『キャプテン翼《つばさ》』において、こんなすごいことをやってのけたのは、主人公《しゅじんこう》・大空翼《おおぞらつばさ》の最大《さいだい》のライバルである日向小次郎《ひゅうがこじろう》。事件《じけん》は、こういう状況下《じょうきょうか》で起《お》こった。

翼《つばさ》くんになかなか勝《か》てない小次郎《こじろう》は、東邦学園中《とうほうがくえんちゅう》3年生《ねんせい》のとき、全国大会《ぜんこくたいかい》を前《まえ》にチームを抜《ぬ》け出《だ》して沖縄《おきなわ》へ飛《と》んだ。そして、台風《たいふう》で大荒《おおあ》れの砂浜《すなはま》で「大空翼《おおぞらつばさ》に負《ま》けるのは、もうたくさんだ！」と叫《さけ》びながら、ボールで波《なみ》を突《つ》き破《やぶ》る特訓《とっくん》を積《つ》む。やがて、小次郎《こじろう》の足腰《あしこし》は大波《おおなみ》をかぶってもビクともしないまでに鍛《きた》えられた。

ところが、大会直前《たいかいちょくぜん》にチームに戻《もど》った小次郎《こじろう》に、サッカー部《ぶ》の監督《かんとく》は「勝手《かって》にチームを外《はず》れた小次郎《こじろう》は使《つか》わない」と告《つ》げる。小次郎《こじろう》は歯軋《はぎし》りしながらベンチを温《あたた》め続《つづ》けるが、ある日《ひ》ついに怒《いか》りが爆発《ばくはつ》。試合中《しあいちゅう》、味方選手《みかたせんしゅ》がシュートの体勢《たいせい》に入《はい》ると、小次郎《こじろう》はコートの脇《わき》に飛《と》び出《だ》して、同《どう》時《じ》にボールを蹴《け》る！ 小次郎《こじろう》のボールは競技場《きょうぎじょう》のコンクリートの壁《かべ》に激突《げきとつ》し、落《お》ちたあとには穴《あな》が開《あ》いていたのだった……！

ああ、小次郎《こじろう》の悔《くや》しさがよくわかる！ などと共感《きょうかん》している場合《ばあい》ではない。試合《しあい》をやっている横《よこ》で、全力《ぜんりょく》でボールを蹴《け》っていいのか!? などとマナーを問《と》うている場合《ばあい》でもない。

ボールでコンクリートに穴《あな》を開《あ》けるとは、あまりにも強烈《きょうれつ》なキック力《りょく》である。小次郎《こじろう》はどんな力《ちから》で蹴《け》ったのだろうか？

◆壁《かべ》の向《む》こうが壊《こわ》れていた!?

小次郎《こじろう》のキック力《りょく》は、コンクリートの壊《こわ》れ方《かた》によって決《き》まる。破壊《はかい》の状況《じょうきょう》をアニメの画面《がめん》で観《かん》察《さつ》すると、壁《かべ》は周辺部《しゅうへんぶ》が直径《ちょっけい》16㎝、最奥部《さいおうぶ》が直径《ちょっけい》８㎝ほどのすり鉢状《ばちじょう》にへこんでいる。

これは、ちょっと不思議《ふしぎ》な光景《こうけい》ではないだろうか。ボールがぶつかった衝撃《しょうげき》でコンクリートが砕《くだ》けたのなら、周囲《しゅうい》に破片《はへん》が散《ち》らばり、へこんだ部分《ぶぶん》はもっと凸凹《でこぼこ》があってもよさそうなものだ。

しかし画面《がめん》を見《み》ると、破片《はへん》が飛散《ひさん》した形跡《けいせき》もなく、穴《あな》の表面《ひょうめん》も滑《なめ》らかである。

コンクリートの壁《かべ》に物体《ぶったい》が高速《こうそく》でぶつかると、どのような壊《こわ》れ方《かた》をするのだろう？　コンクリートは硬《かた》いけれど、脆《もろ》い物質《ぶっしつ》である。以前《いぜん》、筆者《ひっしゃ》が専門家《せんもんか》に聞《き》いた話《はなし》では、このような物質《ぶっしつ》でできた壁《かべ》に大《おお》きな衝撃《しょうげき》を与《あた》えると、破壊《はかい》は衝撃《しょうげき》を受《う》けた側《がわ》でなく、反対側《はんたいがわ》に起《お》こるという。壁《かべ》は衝《しょう》撃《げき》が加《くわ》わった点《てん》を頂点《ちょうてん》にしてラッパ状《じょう》に砕《くだ》け、破片《はへん》が向《む》こう側《がわ》に飛《と》び散《ち》るのだ。

つまり、小次郎《こじろう》のボールを受《う》けたコンクリートの壁《かべ》は、手前《てまえ》は少《すこ》しへこんだだけだが、こちらからは見《み》えない向《む》こう側《がわ》が、大《おお》きく壊《こわ》れていると思《おも》われる。ボールが当《あ》たった瞬間《しゅんかん》、壁《かべ》の向《む》こうに人《ひと》がいたら、いきなり破片《はへん》がぶっ飛《と》んできたはずで、さぞかしビックリしたことだろう。

◆なぜ翼《つばさ》くんに勝《か》てないの？

壁《かべ》の厚《あつ》さを50㎝と仮定《かてい》して、筆者《ひっしゃ》が計算《けいさん》してみたところ、壁《かべ》の向《む》こう側《がわ》のコンクリートは280L《リットル》も壊《こわ》れたという結果《けっか》が出《で》た。中学生用《ちゅうがくせいよう》のサッカーボールの重量《じゅうりょう》は430gである。こんなに軽《かる》いものをぶつけて、280L《リットル》のコンクリートを破壊《はかい》するためには、大変《たいへん》なスピードで衝突《しょうとつ》させなければならない。

計算《けいさん》してみると、その速度《そくど》はなんとマッハ3・2。小次郎《こじろう》は、ピストルの弾丸《だんがん》の3倍《ばい》ものスピ

ードでボールを蹴《け》ったことになる。あまりにも恐《おそ》ろしい中学生《ちゅうがくせい》だ。

驚《おどろ》くべきはそれだけではない。これほどのシュートを放《はな》てるということは、小次郎《こじろう》はすごいキック力《りょく》の持《も》ち主《ぬし》だということだ。足《あし》がボールに触《ふ》れてから蹴《け》り出《だ》すまでに、ボールを動《うご》かした距《きょ》離《り》が20cmだったと仮定《かてい》すると、小次郎《こじろう》のキック力《りょく》はなんと120t。これは、K－1選手《せんしゅ》の100倍《ばい》だ。小次郎《こじろう》は格闘技《かくとうぎ》の世《せ》界《かい》に進《すす》んでも、たちまちチャンピオンになれるだろう。

すると不思議《ふしぎ》なのは、これほどの力《ちから》を持《も》っている小次郎《こじろう》が、なぜ大空翼《おおぞらつばさ》に勝《か》てないのかということだ。翼《つばさ》くんは、コンクリートの壁《かべ》をへこませ、K－1選手《せんしゅ》の100倍《ばい》も強《つよ》い小次郎《こじろう》よりも、もっと強《つよ》いというのだろうか？

翼《つばさ》くんが見《み》せたプレーのなかで、筆者《ひっしゃ》が最《もっと》もすごいと確信《かくしん》するのは、小学生《しょうがくせい》のときに全日本少年《ぜんにほんしょうねん》サッカー大会《たいかい》で優勝《ゆうしょう》を決《き》めたシュートである。キーパーをかわしてゴールに突《つ》き刺《さ》さったボールは、ゴールネットを突《つ》き破《やぶ》った。実験《じっけん》と計算《けいさん》で求《もと》めると、このシュートのスピードはマッハ4・8！　なんと小次郎《こじろう》のシュートの1・5倍《ばい》である。しかも、このとき翼《つばさ》くんはまだ小学生《しょうがくせい》だったのに……。

う～ん、こんな化《ば》け物《もの》みたいな人《ひと》がいたのでは、小次郎《こじろう》もなかなか大変《たいへん》だ。物語《ものがたり》の世界《せかい》に翼《つばさ》くんがいなければ、間違《まちが》いなく日本一《にほんいち》、いや世界一《せかいいち》だったろうに……。あ、するとタイトルが『キャプテン小次郎《こじろう》』になってしまうのか。

『キャプテン翼《つばさ》』の世界《せかい》で生《い》きていく限《かぎ》り、小次郎《こじろう》はいいライバルに恵《めぐ》まれたと思《おも》って、翼《つばさ》くんと2人《ふたり》で切磋琢磨《せっさたくま》していただきたい。

とっても気《き》になる人形劇《にんぎょうげき》の疑問《ぎもん》

きかんしゃトーマスと彼《かれ》の仲間《なかま》たちは、なぜ事故《じこ》ばかり起《お》こすのでしょうか？

『きかんしゃトーマス』は、愉快《ゆかい》な物語《ものがたり》である。イギリスのアイリッシュ海《かい》に浮《う》かぶソドー島《とう》。その島《しま》では、人間《にんげん》と同《おな》じように感情《かんじょう》を持《も》った蒸気機関車《じょうききかんしゃ》たちが、鉄道管理局長《てつどうかんりきょくちょう》トップハム・ハット卿《きょう》の指揮《しき》のもと、今日《きょう》もお客《きゃく》や貨物《かもつ》を乗《の》せて走《はし》っている。

このお話《はなし》の歴史《れきし》は古《ふる》く、イギリスのウィルバート・オードリーが、はしかで寝込《ねこ》んだ息子《むすこ》のために創作《そうさく》し、語《かた》って聞《き》かせたのが最初《さいしょ》だという。それが絵本《えほん》になったのが１９４５年《ねん》。日本《にほん》では73年《ねん》に翻訳出版《ほんやくしゅっぱん》された。テレビで人形劇《にんぎょうげき》が始《はじ》まったのは84年《ねん》で、日本《にほん》では90年以降《ねんいこう》、フジテレビ、テレビ東京《とうきょう》、ＮＨＫなどテレビ局《きょく》を変《か》えながら放送《ほうそう》され続《つづ》け、現在《げんざい》まで続《つづ》いている。

こうして愛《あい》されてきたトーマスと仲間《なかま》たちだが、冷静《れいせい》に考《かんが》えると、彼《かれ》らには機関車《きかんしゃ》として問題《もんだい》点《てん》が多《おお》すぎないだろうか。トーマスたちは、意地《いじ》の張《は》り合《あ》いや些細《ささい》なケンカが原因《げんいん》で、やたらと事故《じこ》を起《お》こす。暴走《ぼうそう》したり、遅《おく》れたり、運休《うんきゅう》したり、脱線《だっせん》したり、池《いけ》に落《お》ちたり、雪山《ゆきやま》に突《つ》っ込《こ》んだり。こんな列車《れっしゃ》に乗《の》っている乗客《じょうきゃく》は、たまったもんじゃない！

なぜトーマスたちはもっと安全《あんぜん》に運行《うんこう》できないのだろうか。本稿《ほんこう》では、ソドー鉄道管理局《てつどうかんりきょく》の問題点《もんだいてん》を明《あき》らかにしよう。

◆機関車《きかんしゃ》を叱《しか》るのはどうなのか？

トーマスたちは、何《なに》も好《この》んで事故《じこ》を起《お》こしているわけではない。彼《かれ》らはみな「役立《やくだ》つ機関車《きかんしゃ》」になることを目指《めざ》して頑張《がんば》っているのだ。それでも事故《じこ》が起《お》こるのは、なぜだろう。

ソドー鉄道《てつどう》の安全《あんぜん》な運行《うんこう》について、最大《さいだい》の責任《せきにん》を負《お》っているのは鉄道管理局長《てつどうかんりきょくちょう》トップハム・ハット卿《きょう》である。彼《かれ》は、自分《じぶん》の職務《しょくむ》を果《は》たしているのだろうか。

トーマスたちが事故《じこ》を起《お》こしたり、ケンカやワガママで利用者《りようしゃ》に迷惑《めいわく》をかけたりすると、彼《かれ》はキビシク叱《しか》る。機関車《きかんしゃ》を。

これは、おかしな話《はなし》である。それぞれの機関車《きかんしゃ》には運転士《うんてんし》が乗《の》っているのだから、責任《せきにん》を問《と》われるべきは彼《かれ》らだろう。交通事故《こうつうじこ》を起《お》こしたときに、自動車《じどうしゃ》を叱《しか》っている人《ひと》がいたら、明《あき》らかにどうかしていると思《おも》われる。

などとトップハム・ハット卿《きょう》に非難《ひなん》の矛先《ほこさき》を向《む》けても仕方《しかた》があるまい。『きかんしゃトーマス』の世界《せかい》では、機関車《きかんしゃ》に豊《ゆた》かな感情《かんじょう》がある。そして、それが事故《じこ》の一因《いちいん》になっているのだ。機関車《きかんしゃ》たちがどうやって事故《じこ》を起《お》こすのか、その一例《いちれい》を挙《あ》げればこんな調子《ちょうし》である。

エドワードが重《おも》いパイプをたくさん運《はこ》んでいると、クレーンのついた貨車《かしゃ》のロッキーが「手伝《てつだ》おうか」と声《こえ》をかけた。エドワードは、それをロッキーの力自慢《ちからじまん》と受《う》け取《と》り、断《ことわ》って走《はし》り出《だ》す。そして、腹《はら》を立《た》てながら走《はし》ったため、スピードを出《だ》しすぎて信号《しんごう》に気《き》づくのが遅《おく》れてしまい、ギリギリで急停車《きゅうていしゃ》！　鉄《てつ》パイプが線路《せんろ》に散乱《さんらん》し、そこにやってきたゴードンがパイプに乗《の》り上《あ》げて脱線《だっせん》……！

トップハム・ハット卿《きょう》の進退《しんたい》が問《と》われそうな大事故《だいじこ》が、びっくりするほど些細《ささい》な原因《げんいん》で起《お》こっている。発端《ほったん》は、単《たん》なる感情《かんじょう》の行《い》き違《ちが》いだ。

だが、そういうことなら解決《かいけつ》の道《みち》もある。トーマスたちには、喜怒哀楽《きどあいらく》がハッキリ伝《つた》わる表情《ひょうじょう》豊《ゆた》かな顔《かお》がある。あの顔《かお》でお互《たが》いにコミュニケーションに努《つと》めれば、ケンカや揉《も》め事《ごと》もかなり減《へ》るのではないだろうか。

◆お互《たが》いの顔《かお》は見《み》えるの？

あ。よく考《かんが》えたら、ダメだ！　トーマスたちは、親密《しんみつ》なコミュニケーションなど決《けっ》して取《と》れない運命《うんめい》にある。

彼《かれ》らの顔《かお》は、円筒形《えんとうけい》をした蒸気《じょうき》シリンダーの前面《ぜんめん》に、ぴったり張《は》りついている。この構造《こうぞう》では、トーマスたちは自分《じぶん》の真正面《ましょうめん》しか見《み》えないはずだ。首《くび》もないから、左右《さゆう》や後《うし》ろを見《み》るには、車体《しゃたい》ごと向《む》きを変《か》える他《ほか》はない。機関車《きかんしゃ》だからそれも無理《むり》で、強引《ごういん》にやったら脱線《だっせん》してしまう。

こんな彼《かれ》らにとって、仲間《なかま》と顔《かお》を合《あ》わせて話《はな》すのは、至難《しなん》の技《わざ》ということだ。

トーマスたちは、並《なら》んで走《はし》りながら会話《かいわ》することがある。また、機関庫《きかんこ》で横一列《よこいちれつ》に並《なら》び、団欒《だんらん》のひとときを過《す》ごすこともある。しかし、真横《まよこ》が見《み》えない以上《いじょう》、あの場面《ばめん》でさえ、お互《たが》いの表情《ひょうじょう》は見《み》えていないはずなのである。

相手《あいて》が自分《じぶん》より少《すこ》しでも後《うし》ろにいたら、自分《じぶん》のシリンダーの陰《かげ》に隠《かく》れて相手《あいて》の顔《かお》は見《み》えない。相手《あいて》がわずかでも前《まえ》にいたら、相手《あいて》のシリンダーの陰《かげ》になってやっぱり見《み》えない。ぴったり真横《まよこ》に並《なら》び、目《め》を精《せい》いっぱい相手《あいて》のほうに寄《よ》せても、鼻《はな》の頭《あたま》がチラリと見《み》えるだけ。

互《たが》いの顔《かお》を見《み》て話《はな》すには、向《む》かい合《あ》うしかない。とはいえ、線路《せんろ》の途中《とちゅう》に止《と》まって話《はな》し込《こ》んでいたら乗客《じょうきゃく》や他《ほか》の機関車《きかんしゃ》にとって大迷惑《だいめいわく》である。

◆顔《かお》を見《み》ながら話《はな》すには

このように考《かんが》えれば、彼《かれ》らが相手《あいて》の顔《かお》を見《み》て話《はな》せるチャンスは、走《はし》りながらすれ違《ちが》う瞬間《しゅんかん》にしかないだろう。だが、そのチャンスも活《い》かし切《き》れるかどうか。

トーマスとパーシーがともに時速《じそく》100㎞で走《はし》っていたとすれば、2人《ふたり》はお互《たが》いに時速《じそく》200㎞で接近《せっきん》することになる。100m離《はな》れた地点《ちてん》から話《はな》し始《はじ》めたとしても、待《ま》ち焦《こ》がれた友《とも》は1・8秒後《びょうご》にプロ野球選手《やきゅうせんしゅ》のストレートより速《はや》く通《とお》り過《す》ぎてしまう。「やあ、パ……」で終《お》わりであり、表情《ひょうじょう》もとらえ切《き》れまい。

しかもこのケースでは、間違《まちが》いなくドップラー効果《こうか》が起《お》こる。救急車《きゅうきゅうしゃ》が近《ちか》づいてくるときはサイレンが甲高《かんだか》く、遠《とお》ざかるときは低《ひく》く聞《き》こえるが、あれと同《おな》じことが起《お》こるのだ。時速《じそく》100km同士《どうし》なら、接近中《せっきんちゅう》は相手《あいて》の声《こえ》が4分《ぶん》の1オクターブ高《たか》くなり、すれ違《ちが》うと一気《いっき》に半《はん》オクターブも低《ひく》くなる。

ここから考《かんが》えると、機関庫《きかんこ》で話《はな》していたときとは、もはや別人《べつじん》の声《こえ》に聞《き》こえるだろう。トーマスと仲間《なかま》たちは、お互《たが》いの顔《かお》も声《こえ》もよく知《し》らないのかもしれない。これでは信頼関係《しんらいかんけい》など築《きず》きようがないだろう。ケンカや事故《じこ》が絶《た》えないのも当然《とうぜん》だ。

ソドー鉄道《てつどう》の安全運行《あんぜんうんこう》のために、筆者《ひっしゃ》はトップハム・ハット卿《きょう》にお願《ねが》いしたい。せめて夜《よる》、機《き》関庫《かんこ》で休《やす》むあいだだけでも、機関車《きかんしゃ》たちの前《まえ》に大《おお》きな鏡《かがみ》を置《お》いてあげていただけまいか。そのとき初《はじ》めて、機関車《きかんしゃ》たちは仲間《なかま》の顔《かお》をゆっくり見《み》ることになるだろう。

「おや、トーマス、君《きみ》ってそんな顔《かお》だったんだね」「はじめまして、ゴードン」などと会話《かいわ》も弾《はず》み、団結心《だんけつしん》も生《う》まれていくに違《ちが》いない。そのときこそトーマスたちは、本当《ほんとう》に役立《やくだ》つ機関車《きかんしゃ》になれるだろう。

とっても気《き》になるアニメの疑問《ぎもん》

『千《せん》と千尋《ちひろ》の神隠《かみかく》し』の湯婆婆《ゆばーば》は、顔《かお》がとても巨大《きょだい》です。不便《ふべん》ではないですか？

２０１６年《ねん》12月《がつ》現在《げんざい》、日本《にほん》で公開《こうかい》された映画《えいが》の興行収入歴代《こうぎょうしゅうにゅうれきだい》1位《い》は、２００１年《ねん》に公開《こうかい》された宮崎駿監督《みやざきはやおかんとく》のアニメ『千《せん》と千尋《ちひろ》の神隠《かみかく》し』だ。その観客動員数《かんきゃくどういんすう》は２３５０万人《まんにん》。さらに、ビデオとＤＶＤは合計《ごうけい》５５０万本《まんぼん》売《う》れ、テレビで初放送《はつほうそう》されたときの視聴率《しちょうりつ》は46・９％というから、本当《ほんとう》にたくさんの日本人《にほんじん》が見《み》た映画《えいが》なのである。

ということは、それだけ多《おお》くの人《ひと》が感《かん》じたに違《ちが》いない。「湯婆婆《ゆばーば》の顔《かお》、デカイな！」と。

『千《せん》と千尋《ちひろ》の神隠《かみかく》し』の舞台《ぶたい》は、八百万《やおよろず》の神々《かみがみ》が体《からだ》を休《やす》める温泉旅館《おんせんりょかん》「油屋《あぶらや》」で、その経営者《けいえいしゃ》が湯婆婆《ゆばーば》だ。

彼女《かのじょ》の顔《かお》と頭《あたま》は、本当《ほんとう》に巨大《きょだい》だった。油屋《あぶらや》を訪《おとず》れる神様《かみさま》たちは、人間《にんげん》とはかけ離《はな》れた姿《すがた》の方々《かたがた》も多《おお》かったが、顔《かお》の大《おお》きさでは湯婆婆《ゆばーば》がトップクラス。主人公《しゅじんこう》の千尋《ちひろ》と比《くら》べると、身長《しんちょう》はあまり変《か》わらないのに、湯婆婆《ゆばーば》の頭《あたま》は千尋《ちひろ》の全身《ぜんしん》の半分近《はんぶんちか》くもあったのだ。

湯婆婆《ゆばーば》は魔法使《まほうつか》いだから、姿《すがた》かたちが人間離《にんげんばな》れしていても不思議《ふしぎ》ではないだろう。しかし、ここまで顔《かお》が大《おお》きいと、いろいろ困《こま》ることがありそうだ。

◆頭《あたま》の重《おも》さはどれほどか？

まずは、湯婆婆《ゆばーば》の顔《かお》の大《おお》きさを求《もと》めてみよう。アニメの画面《がめん》を測定《そくてい》すると、頭頂部《とうちょうぶ》からあごまでの長《なが》さが、千尋《ちひろ》の身長《しんちょう》の45％もある。千尋《ちひろ》は10歳《さい》という設定《せってい》だ。現実世界《げんじつせかい》で10歳《さい》の女子《じょし》の平均《へいきん》身長《しんちょう》は138・9㎝だから、千尋《ちひろ》がこれと同《おな》じとして計算《けいさん》すると、湯婆婆《ゆばーば》の頭《あたま》は上下《じょうげ》62・4㎝！一般的《いっぱんてき》な乗用車《じょうようしゃ》のタイヤの直径《ちょっけい》は65㎝ほどなので、それと同《おな》じくらいの大巨顔《だいきょがん》ということだ。いやはや、本当《ほんとう》にデカイ。

頭《あたま》がこんなに大《おお》きくて、湯婆婆《ゆばーば》は疲《つか》れないのだろうか。上下《じょうげ》62・4㎝とは、成人女性《せいじんじょせい》の頭《あたま》の大《おお》きさのほぼ3倍《ばい》だ。すると、顔《かお》の面積《めんせき》は３×３＝9倍《ばい》であり、頭部全体《とうぶぜんたい》の体積《たいせき》や重量《じゅうりょう》は、３×３×３＝27倍《ばい》になる。つまり、頭《あたま》が普通《ふつう》の人《ひと》の27倍《ばい》も重《おも》いのだ。

成人女性《せいじんじょせい》の頭《あたま》の重量《じゅうりょう》は、体重《たいじゅう》の3・7％を占《し》めるという。65歳女性《さいじょせい》の平均体重《へいきんたいじゅう》は53・6kgだから、その頭《あたま》の重《おも》さは2kg。すると湯婆婆《ゆばーば》の頭《あたま》は2kgの27倍《ばい》で、実《じつ》に54kg。頭《あたま》の重《おも》さだけで、普通《ふつう》のおばあさん1人分《ひとりぶん》ほどもある！

それだけではない。湯婆婆《ゆばーば》の頭《あたま》には、髪《かみ》が提灯型《ちょうちんがた》にぶわっと膨《ふく》らんで生《は》えていて、巨大《きょだい》な頭《あたま》をさらに大《おお》きく見《み》せていた。この髪《かみ》も、相当重《そうとうおも》いのではないだろうか。前述《ぜんじゅつ》のとおり、湯婆婆《ゆばーば》の頭《とう》部《ぶ》の面積《めんせき》は普通《ふつう》の人《ひと》の9倍《ばい》なので、頭皮《とうひ》の面積《めんせき》もおそらく9倍《ばい》ある。あのボリューム感《かん》だから、髪《かみ》の1本《ぽん》1本《ぽん》もかなり長《なが》いだろう。その長《なが》さを1mと仮定《かてい》すれば、重量《じゅうりょう》は7kg。髪《かみ》なのに！

頭《あたま》の重《おも》さの54kgと合《あ》わせれば、合計《ごうけい》なんと63kg。これは高校生男子《こうこうせいだんし》の平均《へいきん》の体重《たいじゅう》とほぼ同《おな》じだ。

これほど重《おも》い頭《あたま》で平然《へいぜん》と暮《く》らしている湯婆婆《ゆばーば》は、まことに元気《げんき》なご老人《ろうじん》である。

◆お化粧《けしょう》に9時間《じかん》かかる!?

とはいえ、顔《かお》と頭《あたま》がこれほど大《おお》きいと、日常生活《にちじょうせいかつ》にも苦労《くろう》するだろう。たとえば、Tシャツのように頭《あたま》からかぶるタイプの服《ふく》は、絶対《ぜったい》に着《き》られまい。普通《ふつう》サイズの傘《かさ》を差《さ》したのでは、どうやっても頭《あたま》の半分《はんぶん》は濡《ぬ》れてしまう。

筆者《ひっしゃ》が特《とく》に心配《しんぱい》するのは、お化粧《けしょう》だ。湯婆婆《ゆばーば》は、神々《かみがみ》を客《きゃく》として迎《むか》える旅館《りょかん》の経営者《けいえいしゃ》だけあって、バッチリお化粧《けしょう》している。顔面《がんめん》の面積《めんせき》は普通《ふつう》の女性《じょせい》の9倍《ばい》だから、お化粧《けしょう》の時間《じかん》も9倍《ばい》かかることになる。

では、普通《ふつう》の女性《じょせい》は、お化粧《けしょう》にどのくらいの時間《じかん》をかけるのか。知《し》り合《あ》いの女性《じょせい》の皆《みな》さんに聞《き》いてみた。すると、

「私《わたし》のメイク時間《じかん》は毎朝《まいあさ》30分《ぷん》くらい。しっかりメイクなら1時間《じかん》かかります」

「湯婆婆《ゆばーば》はアイラインも入《い》れているし、かなり手《て》が込《こ》んでいますね」

「お婆《ばあ》さんだから、シミを隠《かく》すためにもコンシーラーやファンデーションは使《つか》っているでしょう」

と大盛《おおも》り上《あ》がり。筆者《ひっしゃ》にはわからない専門用語《せんもんようご》が続々《ぞくぞく》出《で》てきたが、彼女《かのじょ》たちの話《はなし》を総合《そうごう》すると、一般的《いっぱんてき》な女性《じょせい》が湯婆婆《ゆばーば》と同《おな》じくらいメイクするには、1時間《じかん》くらいかかるようだ。

ということは、湯婆婆《ゆばーば》のメイク時間《じかん》は毎日《まいにち》9時間《じかん》！　お客《きゃく》さまを夕方《ゆうがた》5時《じ》にお迎《むか》えするとしたら、朝《あさ》の8時《じ》からお化粧《けしょう》にかからなければならない。

さらに苦労《くろう》するのは、食事《しょくじ》だろう。湯婆婆《ゆばーば》は顔《かお》の大《おお》きさに合《あ》わせて口《くち》も大《おお》きいから、一口《ひとくち》で食《た》べたり飲《の》んだりできる量《りょう》も多《おお》いはずだ。人間《にんげん》の女性《じょせい》の口《くち》に50㎖の水《みず》が入《はい》るとすれば、湯婆婆《ゆばーば》の口《くち》の容積《ようせき》はその27倍《ばい》で1・35L《リットル》となる。1L《リットル》パック入《い》りの牛乳《ぎゅうにゅう》など一口《ひとくち》で飲《の》めるし、ドンブリいっぱいのカツ丼《どん》やラーメンを一気《いっき》に口《くち》に放《ほう》り込《こ》める。なんとも豪快《ごうかい》なおばあさんだ。

だが、問題《もんだい》はその先《さき》である。湯婆婆《ゆばーば》は頭《あたま》は巨大《きょだい》だけど、首《くび》から下《した》は小《ちい》さい。背《せ》の高《たか》さは千尋《ちひろ》とあまり変《か》わらなかったから、体《からだ》そのものは千尋《ちひろ》よりずっと小《ちい》さいと思《おも》われる。

すると、食《た》べ物《もの》が通《とお》る食道《しょくどう》の面積《めんせき》も狭《せま》く、胃《い》の容積《ようせき》も小《ちい》さいと考《かんが》えるべきだろう。巨大《きょだい》な口《くち》でドカドカ食《た》べると、喉《のど》につかえたり、腹《はら》がハチ切《き》れそうになったりして、七転八倒《しちてんばっとう》してしまう。湯婆婆《ゆばーば》は、大《おお》きな口《くち》をおちょぼ口《ぐち》にして、小《ちい》さなスプーンでゆっくり食《た》べてください。

◆油屋《あぶらや》の繁盛《はんじょう》は、顔《かお》が大《おお》きいから⁉

もちろん顔《かお》が大《おお》きいと、いいこともある。

まず、目《め》がよく見《み》えるはずだ。といっても視力《しりょく》ではなく、距離感《きょりかん》の問題《もんだい》。人間《にんげん》は左右《さゆう》の目《め》での見《み》え方《かた》の違《ちが》いによって、見《み》ているものが遠《とお》くにあるか、近《ちか》くにあるかをとらえている。湯婆婆《ゆばーば》のように左右《さゆう》の目《め》が普通《ふつう》の人《ひと》の3倍《ばい》も離《はな》れていれば、その距離感《きょりかん》も3倍《ばい》に伸《の》びるはずなのだ。つまり人間《にんげん》の3倍遠《ばいとお》くのものまで、位置関係《いちかんけい》がよくわかる。

耳《みみ》も同様《どうよう》である。人間《にんげん》は、音《おと》が左右《さゆう》の耳《みみ》に入《はい》る時間差《じかんさ》によって、音《おと》が来《く》る方向《ほうこう》を察知《さっち》している。左右《さゆう》の耳《みみ》が3倍離《ばいはな》れていれば、その能力《のうりょく》も3倍増《ばいぞう》。これらの視聴能力《しちょうのうりょく》は、油屋《あぶらや》で働《はたら》く多《おお》くの人《ひと》たちを指揮監督《しきかんとく》するのに、おおいに役立《やくだ》つだろう。

また、あれだけ頭《あたま》が大《おお》きければ、脳《のう》も巨大《きょだい》だと思《おも》われる。口《くち》の容積《ようせき》と同《おな》じように、脳《のう》の重量《じゅうりょう》も27倍《ばい》あってもおかしくはない。もちろん、頭《あたま》のよさは脳《のう》の重量《じゅうりょう》だけでは決《き》まらない。脳細胞《のうさいぼう》から伸《の》びる神経繊維《しんけいせんい》の数《かず》が影響《えいきょう》するといわれ、それは経験《けいけん》や努力《どりょく》によって日々成長《ひびせいちょう》する。

劇中《げきちゅう》の油屋《あぶらや》がお客《きゃく》でにぎわっていたところを見《み》ると、湯婆婆《ゆばーば》は多《おお》くの経験《けいけん》と努力《どりょく》を積《つ》んで、普《ふ》通《つう》の人《ひと》の27倍《ばい》も大《おお》きな脳《のう》を鍛《きた》え、喜《よろこ》ばれる工夫《くふう》をしてきたのだろう。この調子《ちょうし》で努力《どりょく》を重《かさ》ねれば、前人未到《ぜんじんみとう》の記憶力《きおくりょく》や判断力《はんだんりょく》が身《み》について、油屋《あぶらや》はますます繁盛《はんじょう》するでしょう。

とっても気《き》になる特撮《とくさつ》の疑問《ぎもん》

ウルトラマンの寿命《じゅみょう》は2万歳《まんさい》！生物《せいぶつ》がそんなに長《なが》く生《い》きることはできるのでしょうか？

ウルトラマンは身長《しんちょう》40m、体重《たいじゅう》3万《まん》5千《せん》t。マッハ5で空《そら》を飛《と》び、腕《うで》からは必殺《ひっさつ》のスペシウム光線《こうせん》を発射《はっしゃ》する。どれもこれもすごいスケールであり、すごい能力《のうりょく》だ。

これらだけでもオドロキなのに、『ウルトラマン』の最終回《さいしゅうかい》では、さらにもう一《ひと》つ、すごい事《じ》実《じつ》が明《あき》らかになった。ウルトラマンが自《みずか》ら「私《わたし》はもう2万年《まんねん》も生《い》きた」と述《の》べたのだ。

2万年《まんねん》も生《い》きた！ということは、ウルトラマンの年齢《ねんれい》は2万歳《まんさい》！

これには驚《おどろ》いた。今《いま》から2万年前《まんねんまえ》といえば、氷河時代《ひょうがじだい》の真《ま》っ盛《さか》りではないか。日本列島《にほんれっとう》がユーラシア大陸《たいりく》とつながっていて、ナウマンゾウやオオツノジカが行《い》ったり来《き》たりしていた時代《じだい》。ウ

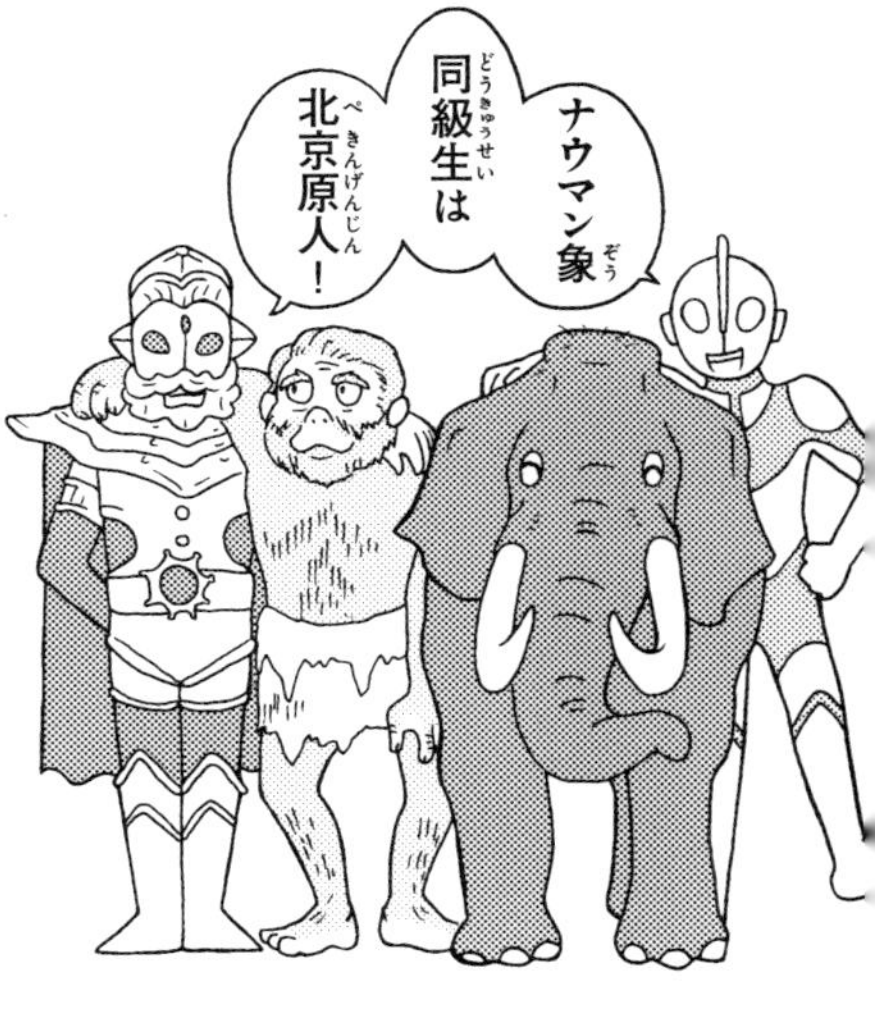

ルトラマンは、そんな大昔《おおむかし》に生《う》まれた！　化石《かせき》になっていても不思議《ふしぎ》ではないヒトなのだ。
まことにウルトラな話《はなし》であるが、生物《せいぶつ》というものはそんな長《なが》く生《い》きられるのだろうか。本稿《ほんこう》では、ウルトラマンとその兄弟《きょうだい》たちを題材《だいざい》に、この問題《もんだい》を考《かんが》えてみたい。

◆北京原人《ペキンげんじん》と同級生《どうきゅうせい》!?

『ウルトラマン』シリーズは1960年代《ねんだい》の後半《こうはん》に人気《にんき》を呼《よ》び、平成《へいせい》になっても新《しん》シリーズが作《つく》られた。ここでは、話《はなし》をシンプルにするために『ウルトラマン』から『ウルトラマンタロウ』までの5作品《さくひん》に登場《とうじょう》したウルトラの人々《ひとびと》を中心《ちゅうしん》に話《はなし》を進《すす》めよう。この頃《ころ》は、各番組《かくばんぐみ》の主人公《しゅじんこう》に長兄《ちょうけい》のゾフィーを加《くわ》えた6人《にん》が「ウルトラ6兄弟《きょうだい》」と呼《よ》ばれ、ウルトラの父《ちち》や母《はは》やウルトラマンキングという伝説《でんせつ》の長老《ちょうろう》が次々《つぎつぎ》に登場《とうじょう》していた。まず、ウルトラ6兄弟《きょうだい》の年齢《ねんれい》は次《つぎ》のとおり。

ゾフィー　2万《まん》5千歳《せんさい》
ウルトラマン　2万歳《まんさい》
ウルトラセブン　1万《まん》7千歳《せんさい》
帰《かえ》ってきたウルトラマン（ウルトラマンジャック）　1万《まん》7千歳《せんさい》
ウルトラマンA《エース》　1万《まん》5千歳《せんさい》

ウルトラマンタロウ　1万《まん》2千歳《せんさい》

みんなすさまじい高齢《こうれい》である。だが驚《おどろ》くべきことに、一族《いちぞく》のなかでは彼《かれ》らはどうやら若《わか》いほうらしい！　ウルトラの父《ちち》と母《はは》、ウルトラマンキングの年齢《ねんれい》は、彼《かれ》らを遥《はる》かに上回《うわまわ》る。

ウルトラの父《ちち》　16万歳《まんさい》

ウルトラの母《はは》　14万歳《まんさい》

ウルトラマンキング　30万歳《まんさい》

これはもう、ナウマンゾウどころの騒《さわ》ぎではない。ウルトラの父《ちち》と母《はは》はネアンデルタール人《じん》(20万《まん》〜2万数千年前《まんすうせんねんまえ》)と同世代《どうせだい》であり、キングに至《いた》っては、その先輩筋《せんぱいすじ》の北京原人《ペキンげんじん》(50万《まん》〜20万年《まんねん》前《まえ》)と同年代《どうねんだい》の生《う》まれということになる。いやはや、これにはもう、腰《こし》が抜《ぬ》けました……。

◆誰《だれ》を基準《きじゅん》に考《かんが》えればいいのか？

気《き》を取《と》り直《なお》して考《かんが》えよう。不思議《ふしぎ》なのは、彼《かれ》らの年齢構成《ねんれいこうせい》だ。一見《いっけん》したところ、地球《ちきゅう》に来《き》たウルトラ兄弟《きょうだい》たちは立派《りっぱ》な大人《おとな》である。特《とく》にゾフィーなど、学校《がっこう》に通《かよ》っている子《こ》どもがいたとしてもおかしくないほど大人《おとな》の雰囲気《ふんいき》を湛《たた》えている。ところが、そのゾフィーさえウルトラの父《ちち》の6分《ぶん》の1の年齢《ねんれい》でしかないというのだ。どうなっているのか？

この謎《なぞ》を解《と》くために、人間《にんげん》と比較《ひかく》して考《かんが》えてみよう。いちばん若《わか》いタロウは、1万《まん》2千歳《せんさい》である。これが人間《にんげん》の24歳《さい》にあたると考《かんが》えよう。これを基準《きじゅん》に計算《けいさん》すると、2番目《ばんめ》に若《わか》いウルトラマンA《エース》は30歳《さい》。その上《うえ》のセブンと帰《かえ》ってきたウルトラマンは34歳《さい》。まあ、そんなものかという気《き》もするが、ウルトラマンは40歳《さい》で、ゾフィーは50歳《さい》。戦士《せんし》としてはそろそろキビシイ年齢《ねんれい》だ。

だが、その上《うえ》の世代《せだい》はとんでもなくすごい話《はなし》になる。ウルトラの父《ちち》は320歳《さい》、母《はは》は280歳《さい》。最高齢《さいこうれい》のキングに至《いた》っては、なんと600歳《さい》！　劇中《げきちゅう》では全員元気《ぜんいんげんき》に怪獣《かいじゅう》と戦《たたか》ったりしていたが、人間《にんげん》だったら生《い》きていられるはずのない高齢《こうれい》っぷりなのだ。

逆《ぎゃく》に、キングを基準《きじゅん》にしてみよう。人間《にんげん》が生《い》きられるのは、120歳《さい》が限界《げんかい》といわれる。30万《まん》歳《さい》のキングが人間《にんげん》の120歳《さい》に相当《そうとう》するとしたら、どうなるのか？

父《ちち》は64歳《さい》、母《はは》は56歳《さい》。自《みずか》ら怪獣《かいじゅう》と戦《たたか》うにはやや高齢《こうれい》という気《き》もするが、まあ納得《なっとく》できる範囲《はんい》である。問題《もんだい》はウルトラ兄弟《きょうだい》たちの年齢《ねんれい》だ。最年長《さいねんちょう》のゾフィーさえ10歳《さい》！　ウルトラマンが8歳《さい》で、セブンと帰《かえ》ってきたウルトラマンが7歳《さい》、A《エース》が6歳《さい》、タロウが5歳《さい》……。う〜む。われわれ地球《ちきゅう》人《じん》は、こんなチビッコたちに守《まも》ってもらっていたの!?

どうも、ウルトラの人《ひと》たちの年齢構成《ねんれいこうせい》はイビツである。宇宙人《うちゅうじん》だけあって、たちまち大人《おとな》になるが、なかなか年《とし》を取《と》らない……ということだろうか。

◆ウルトラの年齢《ねんれい》は正《ただ》しい!?

ウルトラの人《ひと》たちの年齢問題《ねんれいもんだい》について考《かんが》えていると、どうしても壁《かべ》に突《つ》き当《あ》たってしまう。もうここからは、根源的《こんげんてき》な問題《もんだい》だけを考《かんが》えよう。生物《せいぶつ》が何万年《なんまんねん》も生《い》きることができるのか。

自然界《しぜんかい》の動物《どうぶつ》は、大《おお》きいものほど長《なが》く生《い》きる。たとえばハツカネズミの寿命《じゅみょう》は1年半《ねんはん》から2年《ねん》、タヌキやキツネは6~10年《ねん》、アフリカゾウは70年《ねん》、シロナガスクジラは１００年《ねん》以上《いじょう》といわれる。ウルトラマンの体重《たいじゅう》3万《まん》5千《せん》tは、成人男性《せいじんだんせい》の53万倍《まんばい》だ。これだけ大《おお》きければ相当《そうとう》に長寿《ちょうじゅ》でも不《ふ》思議《しぎ》はないが、具体的《ぐたいてき》にはどれほど長《なが》く生《い》きるのだろうか?

１９５９年《ねん》、ザッハーという生物学者《せいぶつがくしゃ》が多数《たすう》の哺乳類《ほにゅうるい》について調《しら》べ、寿命《じゅみょう》には体重《たいじゅう》だけでなく脳《のう》の重量《じゅうりょう》も関係《かんけい》する、という説《せつ》を提唱《ていしょう》した。それらの関係《かんけい》は「ザッハー方程式《ほうていしき》」という式《しき》で表《あらわ》されている。この方程式《ほうていしき》を、ウルトラの人々《ひとびと》に当《あ》てはめたらどうだろう。

ただし、ザッハー方程式《ほうていしき》は哺乳類《ほにゅうるい》にしか適用《てきよう》できない。地球《ちきゅう》からはるか遠《とお》いＭ78星雲《せいうん》で生《う》まれたウルトラの皆《みな》さんが、人間《にんげん》と同《おな》じ哺乳類《ほにゅうるい》なのか……。怪獣図鑑《かいじゅうずかん》にもその点《てん》は書《か》かれていないが、両親《りょうしん》から子《こ》どもが生《う》まれたり、ウルトラの母《はは》に乳房《ちぶさ》らしきものがあったり、哺乳類《ほにゅうるい》と共通《きょうつう》する特《とく》徴《ちょう》が見《み》られるのも確《たし》かだ。乱暴《らんぼう》だが、ここは思《おも》い切《き》って、ザッハー方程式《ほうていしき》を使《つか》ってみよう。

ウルトラ族《ぞく》の脳《のう》の重量《じゅうりょう》を人間《にんげん》と同《おな》じく体重《たいじゅう》の２・１％だとしよう。ゾフィーからキングまでの前述《ぜんじゅつ》9人《にん》の平均体重《へいきんたいじゅう》は4万《まん》2300tだ。この数値《すうち》をザッハー方程式《ほうていしき》に代入《だいにゅう》すると――。

おおっ、ウルトラの人々《ひとびと》の寿命《じゅみょう》は2万《まん》1600歳《さい》！ キングや父母《ふぼ》たちを別《べつ》とすれば、ゾフィー以下《いか》には充分《じゅうぶん》に当《あ》てはまる結果《けっか》ではないか。

◆脳《のう》が10gしかなかったら？

ところがこのヨロコバしい結論《けつろん》は、意外《いがい》な情報《じょうほう》によって根底《こんてい》から否定《ひてい》されてしまう。『ウルトラ怪獣大図解《かいじゅうだいずかい》　大伴昌司《おおともしょうじ》の世界《せかい》』（小学館《しょうがくかん》）の裏表紙《うらびょうし》に、ウルトラマンの内部図解《ないぶずかい》が載《の》っており、そこに「濃縮脳《のうしゅくのう》。10gしかないが、知能指数《ちのうしすう》1万《まん》」と書《か》かれていたのである。

脳《のう》がたったの10g!? これではウルトラ一族《いちぞく》の寿命《じゅみょう》は、極端《きょくたん》に短《みじか》いことになってしまう。だが、これを書《か》かれた大伴昌司《おおともしょうじ》先生《せんせい》は怪獣図解《かいじゅうずかい》のパイオニアで、ウルトラマンや怪獣《かいじゅう》たちの設定《せってい》はこの先生《せんせい》が考《かんが》えたものが多《おお》い。ここは素直《すなお》に、このデータを採用《さいよう》するしかないか……。

絶望的《ぜつぼうてき》な結果《けっか》が出《で》るのはわかり切《き》っているが「体重《たいじゅう》3万《まん》5千《せん》t、脳重量《のうじゅうりょう》10g」という数値《すうち》をザッハー方程式《ほうていしき》に代入《だいにゅう》してみたところ……、うっひゃ〜っ。寿命《じゅみょう》はたったの72日《にち》！

あまりといえばあんまりである。日本人《にほんじん》の平均寿命《へいきんじゅみょう》は83・8歳《さい》（2015年《ねん》）だから、その420分《ぶん》の1でしかない。こうなるともう、時間《じかん》に対《たい》する感覚《かんかく》がわれわれとは違《ちが》うはずだ。彼《かれ》は地球《ちきゅう》

では3分間《ぷんかん》しか戦《たたか》えないが、それは地球人《ちきゅうじん》の感覚《かんかく》で420倍《ばい》の21時間《じかん》に相当《そうとう》する長《なが》さなのだろう。ということは、実《じつ》はウルトラマンは、朝《あさ》の6時《じ》から翌朝《よくあさ》の3時《じ》までかかるような死闘《しとう》を演《えん》じていたことになる！

うーん、すっかりおかしな話《はなし》になってしまった。結局《けっきょく》ウルトラマンは長寿《ちょうじゅ》なのか、短命《たんめい》なのか。よくわからんが、ハッキリしているのは、いずれにしても極端《きょくたん》すぎるということですなあ。

とっても気《き》になるアニメの疑問《ぎもん》

イルカに乗《の》って、7つの海《うみ》を行《い》く。『海《うみ》のトリトン』の旅《たび》はどれほど大変《たいへん》ですか？

水族館《すいぞくかん》などでイルカのショーを見《み》て「自分《じぶん》もイルカに乗《の》ってみたい」と思《おも》ったことはないだろうか。イルカは水中《すいちゅう》を自在《じざい》に泳《およ》ぎ、ダイナミックにジャンプし、人間《にんげん》とのコミュニケーション能《のう》力《りょく》も極《きわ》めて高《たか》い。仲《なか》よくなって、いっしょに海《うみ》の旅《たび》ができたら、まことに楽《たの》しそうである。

そんな夢《ゆめ》を描《えが》いて大人気《だいにんき》を博《はく》したのが、アニメ『海《うみ》のトリトン』だ。

ある小《ちい》さな漁村《ぎょそん》に、トリトンという緑《みどり》の髪《かみ》をした少年《しょうねん》が住《す》んでいた。彼《かれ》は人間《にんげん》の子《こ》どもとして暮《く》らしていたが、13歳《さい》になったある日《ひ》、白《しろ》いイルカがやってきて出生《しゅっせい》の秘密《ひみつ》を告《つ》げる。実《じつ》はトリトンは、海《うみ》の平和《へいわ》を守《まも》るトリトン族《ぞく》の生《い》き残《のこ》りなのだという！

彼《かれ》は、白《しろ》いイルカ・ルカーの言葉《ことば》を信《しん》じ、海《うみ》の平和《へいわ》を荒《あ》らすポセイドン族《ぞく》と戦《たたか》う決意《けつい》を固《かた》める。そしてルカーの背《せ》に乗《の》り、はるかな海《うみ》の旅《たび》に出《で》るのだった……。

◆原作《げんさく》は『青《あお》いトリトン』

このアニメの原作《げんさく》は、手塚治虫《てづかおさむ》のマンガで、原題《げんだい》を『青《あお》いトリトン』という。手塚先生《てづかせんせい》の作品《さくひん》だけあって、明《あか》るいばかりの英雄譚《えいゆうたん》ではなく、トリトンは驚《おどろ》きの最期《さいご》を遂《と》げてしまう。一方《いっぽう》、アニメ版《ばん》は原作《げんさく》から離《はな》れたオリジナルの設定《せってい》や展開《てんかい》が多《おお》く、全体《ぜんたい》にヒーロー色《しょく》が強《つよ》い。そして最終《さいしゅう》回《かい》にはびっくり仰天《ぎょうてん》のどんでん返《がえ》しが待《ま》っている。マンガ版《ばん》もアニメ版《ばん》も一筋縄《ひとすじなわ》ではいかない物《もの》語《がたり》なのだ。ずいぶん昔《むかし》の作品《さくひん》だが、機会《きかい》があったらぜひ読《よ》んで&観《み》てください。

そんなマンガとアニメで共通《きょうつう》しているのは、トリトンがルカーの背《せ》に乗《の》って旅《たび》をすることだ。イルカが外洋《がいよう》を泳《およ》ぐ速度《そくど》は、時速《じそく》60㎞。人間《にんげん》の場合《ばあい》は100m自由形《じゆうがた》のトップ選手《せんしゅ》でも時速《じそく》8㎞ぐらいだから、人間《にんげん》がイルカと旅《たび》をするなら、イルカに乗《の》せてもらうのが自然《しぜん》ともいえる。もちろんトリトンは海《うみ》に生《い》きるトリトン族《ぞく》の末裔《まつえい》だから泳《およ》ぎは得意《とくい》だろうが、人間《にんげん》と同《おな》じ体形《たいけい》である以上《いじょう》、イルカほど速《はや》くは泳《およ》げないだろう。

それでも筆者《ひっしゃ》は気《き》になる。そもそもイルカの背中《せなか》に乗《の》ることは、そんなに簡単《かんたん》なのだろうか？

◆尾《お》ビレで股間《こかん》をドガガガ！

イルカは哺乳類《ほにゅうるい》なので、泳《およ》ぎ方《かた》も魚類《ぎょるい》とは違《ちが》う。魚《さかな》たちが体《からだ》を左右《さゆう》に振《ふ》るのに対《たい》して、体《からだ》を前《ぜん》後《ご》にくねらせる。このような動《うご》きをする動物《どうぶつ》に、人間《にんげん》が乗《の》れるのだろうか。

そう思《おも》って、福岡《ふくおか》のマリンワールドに問《と》い合《あ》わせたところ、こんな答《こた》えが返《かえ》ってきた。

「イルカの背《せ》ビレは、胴体《どうたい》の中央《ちゅうおう》についています。その後《うし》ろに乗《の》ると、イルカはバランスがとりづらくて仕方《しかた》がありません。どうしても背中《せなか》に乗《の》りたかったら、せめて背《せ》ビレの前《まえ》に乗《の》っていただきたいですね」。

うーん、やっぱり！　背《せ》ビレが胴体《どうたい》の中央《ちゅうおう》にあるなら、トリトンは尻尾《しっぽ》から3分《ぶん》の1あたりに乗《の》ることになってしまう。これは確《たし》かにバランスが悪《わる》い。だからといって、マリンワールドの方《かた》が言《い》われるように背《せ》ビレの前《まえ》に乗《の》ると、今度《こんど》はつかまるところがない。これで時速《じそく》60㎞なんて出《だ》された日《ひ》にゃ、海《うみ》に転《ころ》げ落《お》ちると思《おも》う。

どうしても背《せ》ビレにつかまろうと思《おも》ったら、トリトンは後《うし》ろ向《む》きに乗《の》るしかないだろう。だが、どう見《み》てもカッコ悪《わる》いし、そんなんでポセイドン族《ぞく》と戦《たたか》えるのか!?

仕方《しかた》がない。ここは、優《やさ》しいルカーが相当《そうとう》ガマンしてくれたものと考《かんが》えて、劇中《げきちゅう》の描写《びょうしゃ》どおりの乗《の》り方《かた》をしたとしよう。すると、新《あら》たな問題《もんだい》が発生《はっせい》する。先《さき》に述《の》べたように、イルカは前後《ぜんご》に

体《からだ》をくねらせて泳《およ》ぐから、尻尾《しっぽ》の近《ちか》くに乗《の》ったトリトンは、かなりの勢《いきお》いで上下《じょうげ》に揺《ゆ》さぶられるはずなのだ。イルカ酔《よ》いする心配《しんぱい》はないのだろうか？

　そこで『ファンタジーアニメアルバム　海《うみ》のトリトン』（少年《しょうねん》画報社《がほうしゃ》）と『イルカに学《まな》ぶ流体《りゅうたい》力学《りきがく》』（永井實《ながいみのる》／オーム社《しゃ》）を参考《さんこう》に、トリトンが揺《ゆ》さぶられる幅《はば》を計算《けいさん》してみた。結果《けっか》は、上下《じょうげ》に29㎝である。結構大《けっこうおお》きな振《ふ》れ幅《はば》だが、揺《ゆ》さぶられるペースも速《はや》い。体長《たいちょう》3・4ｍのルカーが時速《じそく》60㎞で泳《およ》ぐとして、尾《お》ビレを振《ふ》る回数《かいすう》を計算《けいさん》すると、なんと1秒間《びょうかん》に6回《かい》！

これは結構《けっこう》、キツくないか⁉ このけたたましいペースで上下《じょうげ》に29㎝も揺《ゆ》さぶられたら、トリトンの体《からだ》はその動《うご》きについていけず、ほとんど空中《くうちゅう》に浮《う》いたまま、ルカーの尾《お》ビレで毎秒《まいびょう》6回《かい》も股間《こかん》をドガガガッと連打《れんだ》されるであろう。この苦境《くきょう》は、男子《だんし》としてどうしても避《さ》けたい！

◆旅《たび》というより漂流《ひょうりゅう》ですなあ

ここはルカーにお願《ねが》いして、尾《お》ビレを振《ふ》る回数《かいすう》を1秒《びょう》に1回《かい》ぐらいにしてもらうしかない。だが、尾《お》ビレが動《うご》くペースが6分《ぶん》の1になると、速度《そくど》も6分《ぶん》の1になる。すなわち時速《じそく》10㎞しか出《だ》せないのだ。こんなにノンビリした速度《そくど》で、7つの海《うみ》を渡《わた》れるのだろうか？

トリトンの旅《たび》は、まことに遠大《えんだい》だった。日本《にほん》を出発《しゅっぱつ》して北氷洋《ほっぴょうよう》で人魚《にんぎょ》のピピと出会《であ》い、南下《なんか》して赤道直下《せきどうちょっか》のイルカ島《とう》へ行《い》き、太平洋《たいへいよう》を越《こ》えてマゼラン海峡《かいきょう》で折《お》り返《かえ》し、西《にし》へ進《すす》んでマダガスカル沖《おき》に達《たっ》し、北上《ほくじょう》して紅海《こうかい》から海底《かいてい》トンネルを通《とお》って地中海《ちちゅうかい》へ抜《ぬ》け、北大西洋《きたたいせいよう》でポセイドンを倒《たお》す。地図《ちず》で測《はか》ると、実《じつ》に全行程《ぜんこうてい》7万《まん》6千《せん》㎞。地球一周《ちきゅういっしゅう》は4万《まん》㎞だから、地球《ちきゅう》を2周《しゅう》するほどの大《だい》航海《こうかい》である。

この長大《ちょうだい》な距離《きょり》に時速《じそく》10㎞で挑《いど》むと、所要時間《しょようじかん》は7600時間《じかん》。ルカーが1日《にち》10時間《じかん》泳《およ》いでも、

2年《ねん》以上《いじょう》かかってしまう。しかも、毎秒《まいびょう》1回《かい》ずつ高低差《こうていさ》29㎝で揺《ゆ》さぶられ続《つづ》けながら……。これはもう、旅《たび》というより実質《じっしつ》ほとんど漂流《ひょうりゅう》ではないか。

水《みず》や食料《しょくりょう》はどうしたのだろう？　イルカは海水《かいすい》を飲《の》んでも、塩分濃度《えんぶんのうど》の高《たか》い尿《にょう》を排出《はいしゅつ》することによって、体内《たいない》の水分《すいぶん》を調整《ちょうせい》できるが、人間《にんげん》はそうはいかない。一定以上《いっていいじょう》の海水《かいすい》を飲《の》むと、赤血球《せっけっきゅう》が縮《ちぢ》んで死《し》に至《いた》るのだ。

トリトン族《ぞく》のトリトンが、塩分濃度《えんぶんのうど》の高《たか》い尿《にょう》を排出《はいしゅつ》できたとしても、食《た》べ物《もの》には困《こま》る。魚《さかな》やイカや、せいぜい海藻《かいそう》しかない。もちろん全部《ぜんぶ》ナマ。味付《あじつ》けは塩味《しおあじ》だけ。13歳《さい》まで人間《にんげん》と同《おな》じ暮《く》らしをしていたトリトンが、そんな食生活《しょくせいかつ》に耐《た》えられるのだろうか。

さらに、日射《にっしゃ》の問題《もんだい》。イルカに乗《の》っている以上《いじょう》、太陽光線《たいようこうせん》から逃《のが》れることはできないから、重度《じゅうど》の日焼《ひや》けを起《お》こすだろう。アニメでは色白《いろじろ》の美少年《びしょうねん》として描《えが》かれていたが、現実《げんじつ》のトリトンは真《ま》っ黒《くろ》に日焼《ひや》けしていたはずである。いやはや、イルカに乗《の》った少年《しょうねん》の旅《たび》は問題山積《もんだいやまづ》みだ。

では、もし明日《あした》あなたのところに白《しろ》いイルカがやってきて「あなたはトリトン族《ぞく》の末裔《まつえい》なのです。いっしょに海《うみ》に行《い》きましょう」と言《い》ったら、どうすればいいのか？

コトは海《うみ》の平和《へいわ》を守《まも》るという大問題《だいもんだい》である。決《けっ》して自分《じぶん》1人《ひとり》で解決《かいけつ》しようとは思《おも》わず、まずは海上保安庁《かいじょうほあんちょう》に通報《つうほう》しよう。海《うみ》の事件《じけん》、事故《じこ》に関《かん》する緊急電話番号《きんきゅうでんわばんごう》は「118」だ。

とっても気《き》になるマンガの疑問《ぎもん》

『GTO《ジーティーオー》』鬼塚先生《おにづかせんせい》は、デコピン一発《いっぱつ》で人《ひと》を何《なん》mも飛《と》ばしました。そんなことができますか？

マンガやアニメには、人間《にんげん》を殴《なぐ》って数《すう》mも飛《と》ばすシーンがしばしば登場《とうじょう》する。

しかし、現実《げんじつ》のボクシングの試合《しあい》などを見《み》ても、殴《なぐ》られた人間《にんげん》が何《なん》mも吹《ふ》っ飛《と》ぶようなことはない。人間《にんげん》の体重《たいじゅう》が数《すう》十kgあるのに対《たい》して、腕《うで》と拳《こぶし》はせいぜい数《すう》kg。軽《かる》いものをぶつけて重《おも》いものを飛《と》ばすのは、容易《ようい》なことではないのだ。

ところが、マンガ『GTO《ジーティーオー》』の鬼塚英吉先生《おにづかえいきちせんせい》は、デコピン一発《いっぱつ》で、自分《じぶん》より体格《たいかく》のいい青年《せいねん》を派手《はで》に吹《ふ》っ飛《と》ばした。腕《うで》を使《つか》うパンチどころか、指《ゆび》の力《ちから》だけで人間《にんげん》を飛《と》ばしたわけで、これはものすごいことである。いったいどうすれば、そんなことができるのだろうか？

◆どんなふうに飛《と》ばした？

まず、事件《じけん》がどんなふうにして起《お》きたのかを見《み》てみよう。

中学校《ちゅうがっこう》で社会科《しゃかいか》を教《おし》える鬼塚英吉先生《おにづかえいきちせんせい》は、授業《じゅぎょう》をサボったりする困《こま》った教師《きょうし》だが、寂《さび》しそうな生徒《せいと》がいれば全力《ぜんりょく》でつき合《あ》うし、人《ひと》の道《みち》を外《はず》れそうな生徒《せいと》がいたら全力《ぜんりょく》でぶつかって考《かんが》えを改《あらた》めさせる。その姿勢《しせい》に共感《きょうかん》する人《ひと》も多《おお》く、たくさんの生徒《せいと》に慕《した》われている。

そんな鬼塚先生《おにづかせんせい》が、高校《こうこう》を中退《ちゅうたい》した若者《わかもの》たちの集会《しゅうかい》におびき出《だ》された。彼《かれ》らは人生《じんせい》が思《おも》うようにいかないのは、自分《じぶん》たちを中退《ちゅうたい》させた教師《きょうし》のせいだと考《かんが》え、無関係《むかんけい》な先生《せんせい》たちを椅子《いす》に鎖《くさり》で縛《しば》りつけてディスコのステージに並《なら》べ、暴力《ぼうりょく》を振《ふ》るってウサを晴《は》らしていた。

鬼塚先生《おにづかせんせい》は、しばらく彼《かれ》らの言《い》い分《ぶん》を聞《き》いていたが、やがて鎖《くさり》を引《ひ》きちぎって立《た》ち上《あ》がり、「ただの甘《あま》ちゃんの集《あつ》まりじゃねーか」と言《い》い放《はな》つ。怒《おこ》った1人《ひとり》の若者《わかもの》がトイレのモップで殴《なぐ》りかかると、モップごと若者《わかもの》の顔《かお》を蹴《け》る！　別《べつ》の若者《わかもの》がビール瓶《びん》を振《ふ》り上《あ》げて襲《おそ》いかかるや、先生《せんせい》はその若者《わかもの》の額《ひたい》に人差《ひとさ》し指《ゆび》でデコピンし、10mほどもぶっ飛《と》ばしたのだった……！

◆人間《にんげん》を殴《なぐ》って飛《と》ばせるか？

デコピンで飛《と》ばされた青年《せいねん》は、もちろんステージから落下《らっか》した。ステージの高《たか》さは、劇中《げきちゅう》の描《びょう》写《しゃ》から、1・4mほどと思《おも》われる。飛《と》ばされた青年《せいねん》は結構大柄《けっこうおおがら》で、身長《しんちょう》1m80㎝ぐらい。その場《ば》合《あい》、彼《かれ》の体《からだ》の重心《じゅうしん》(おヘソのあたり)は床《ゆか》から2・3mの高《たか》さになる。こうした条件《じょうけん》のもと、「青年《せいねん》はデコピンで10mも飛《と》ばされた」という現象《げんしょう》を物理的《ぶつりてき》に表現《ひょうげん》すると「体《からだ》の重心《じゅうしん》が2・3m落下《らっか》するあいだに、水平《すいへい》に10m運動《うんどう》した」となる。

ここから青年《せいねん》が飛《と》んだ速度《そくど》を計算《けいさん》すると、時速《じそく》53㎞となった。これは大変《たいへん》なスピードだ。プロボクサーのパンチはとても速《はや》いが、それでも時速《じそく》40㎞くらい。念《ねん》のために、大相撲《おおずもう》の力士《りきし》が全力《ぜんりょく》で一般人《いっぱんじん》にぶつかった場合《ばあい》の速度《そくど》を計算《けいさん》すると、飛《と》ばされる速度《そくど》は時速《じそく》10㎞でしかない。

なぜ鬼塚先生《おにづかせんせい》は、人間《にんげん》を時速《じそく》53㎞でぶっ飛《と》ばすことができたのか。これはもう、先生《せんせい》の人差《ひとさ》し指《ゆび》が、驚異的《きょういてき》なスピードで若者《わかもの》の額《ひたい》に当《あ》たったと考《かんが》えるしかない。

デコピンでは、指先《ゆびさき》から2番目《ばんめ》の関節《かんせつ》を支点《してん》にして、そこから先《さき》だけを動《うご》かす。筆者《ひっしゃ》が自分《じぶん》の人差《ひとさ》し指《ゆび》の同《おな》じ部分《ぶぶん》の重《おも》さを計《はか》ってみると12gだった。棒状《ぼうじょう》の物体《ぶったい》が端《はし》を支点《してん》に回転《かいてん》すると、ぶつかる相手《あいて》に与《あた》える衝撃《しょうげき》は、その3分《ぶん》の1の重《おも》さの物体《ぶったい》がまっすぐ飛《と》んで衝突《しょうとつ》したのと同《おな》じになる。つまり、青年《せいねん》の額《ひたい》は4gの物体《ぶったい》がぶつかったのと同《おな》じ衝撃《しょうげき》を受《う》けたわけだ。4gとは、ライフルの弾丸《だんがん》とほぼ同《おな》じである。

たった4gのものがぶつかった衝撃《しょうげき》で、人間《にんげん》が10mも飛《と》ばされるとは、驚《おどろ》くべきことだ。飛《と》ん

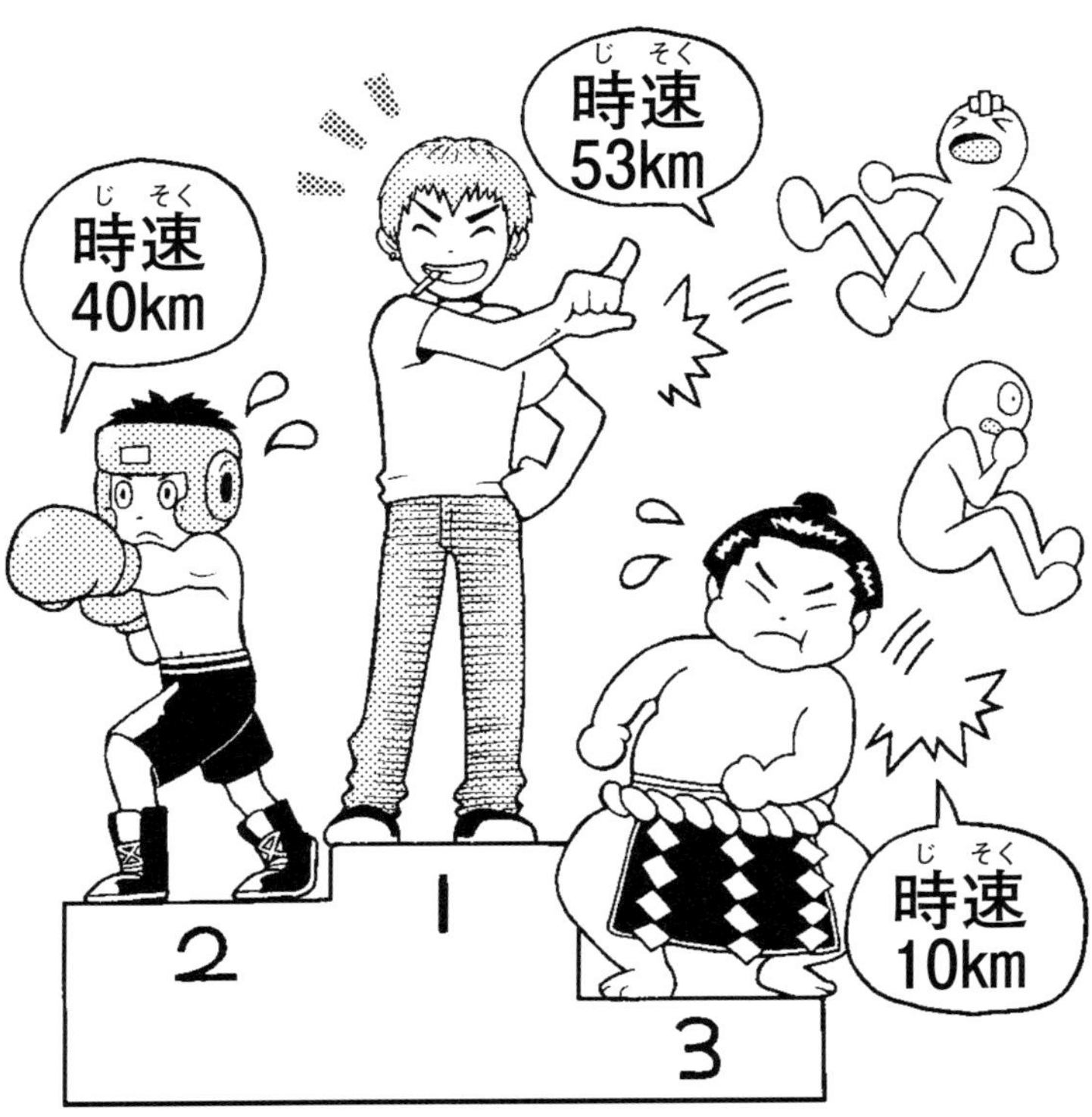

でいった青年《せいねん》の体重《たいじゅう》を70kgとすると、それは４ｇの１万《まん》７５０0倍《ばい》。すると先生《せんせい》の指《ゆび》は、青年《せいねん》が飛《と》んだ速度《そくど》＝時速《じそく》53kmの１万《まん》７５００倍《ばい》で衝突《しょうとつ》したことになる。すなわち、時速《じそく》92万《まん》km＝マッハ７５０！

◆飛《と》んでいった青年《せいねん》に注目《ちゅうもく》

う〜む、マッハ７５０という速度《そくど》を何《なに》と比《くら》べたらいいのやら。マッハとは、空気中《くうきちゅう》を音《おと》が伝《つた》わる速《はや》さ（気温《きおん》15℃のとき秒速《びょうそく》３４０ｍ）の何倍《なんばい》かということだ。ライフル弾《だん》の速度《そくど》がマッハ３、月《つき》へ行《い》ったアポロ宇宙船《うちゅうせん》の速度《そくど》でさえマッハ33。あまりの高速《こうそく》デコピンである。

こうなってくると、心配《しんぱい》なのはデコピンされた青年《せいねん》の運命《うんめい》だ。ライフル弾《だん》で額《ひたい》の真《ま》ん中《なか》を撃《う》たれたら、普通《ふつう》は死《し》ぬだろう。この青年《せいねん》は、ライフル弾《だん》の２５０倍《ばい》も速《はや》いデコピンを食《く》らったのだ。

鬼塚先生《おにづかせんせい》の指先《ゆびさき》が持《も》っていたエネルギーは、ライフル弾《だん》の２５０倍《ばい》では済《す》まない。重《おも》さがほぼ同《おな》じで速度《そくど》が２５０倍《ばい》ということは、エネルギーはなんと６万《まん》２５００倍《ばい》！　うっひょ〜っ。

想像《そうぞう》すると、実《じつ》に恐《おそ》ろしい。ライフル弾《だん》６万発分《まんぱつぶん》のエネルギーが指先《ゆびさき》に集中《しゅうちゅう》したら、指《ゆび》が額《ひたい》にずぶりとめり込《こ》んでしまうか、あるいはその衝撃《しょうげき》で頭蓋骨《ずがいこつ》が破裂《はれつ》してしまうのではないだろうか。

だが、劇中《げきちゅう》の青年《せいねん》は、10mほど飛《と》んでいっただけで、命《いのち》に別状《べつじょう》はなかったようだ。彼《かれ》の額《ひたい》が信《しん》じられないほど頑丈《がんじょう》だったということか？

マッハ７５０のデコピンができる先生《せんせい》と、額《ひたい》にライフル弾《だん》６万発《まんぱつ》を食《く》らっても死《し》なない青年《せいねん》。どっちがすごいのか、もはや筆者《ひっしゃ》にはわかりません。出会《であ》いの形《かたち》によっては、いい先生《せんせい》と生徒《せいと》になれたんじゃないかなあ。

とっても気《き》になるマンガの疑問《ぎもん》

デスノートで、世界中《せかいじゅう》の人間《にんげん》を「裁《さば》く」ことは可能《かのう》ですか？

『デスノート』は、怖《こわ》いマンガである。怖《こわ》くて、それ以上《いじょう》に面白《おもしろ》い。

高校《こうこう》3年生《ねんせい》の夜神月《やがみライト》は、学校《がっこう》の校庭《こうてい》で黒《くろ》いノートを拾《ひろ》う。それは死神《しにがみ》がわざと落《お》とした「デスノート」だった。これに名前《なまえ》を書《か》かれた人《ひと》は、必《かなら》ず死《し》んでしまうのだ。名前《なまえ》を書《か》いてから40秒以内《びょういない》に死因《しいん》を書《か》けば、その死因《しいん》で。何《なに》も書《か》かなかったら、心臓麻痺《しんぞうまひ》で。う〜、やっぱり怖《こわ》い〜。

デスノートの力《ちから》を知《し》った月《ライト》は「世《よ》の中《なか》の悪人《あくにん》に正義《せいぎ》の裁《さば》きを下《くだ》す」という考《かんが》えに取《と》りつかれ、死《し》んだほうがいいと思《おも》う人《ひと》の名前《なまえ》を次々《つぎつぎ》に書《か》いていく……。

デスノートも怖《こわ》いが、絶対的《ぜったいてき》な力《ちから》を手《て》にした人間《にんげん》も怖《こわ》い。そう思《おも》っていたら、こんな質問《しつもん》をいただいた。「デスノートで、世界中《せかいじゅう》の人《ひと》を殺《ころ》せますか？」。あんたがいちばん怖《こわ》い！

だが、言《い》われてみると、考《かんが》えたくなる疑問《ぎもん》である。デスノートが現実《げんじつ》に存在《そんざい》したら、世界中《せかいじゅう》の人間《にんげん》を殺《ころ》すことができるのだろうか。

◆さあ、73億人《おくにん》の名前《なまえ》を書《か》こう！

2016年現在《ねんげんざい》、世界《せかい》の人口《じんこう》はおよそ73億人《おくにん》である。全員《ぜんいん》を殺《ころ》すためには、その名前《なまえ》をすべてノートに書《か》かねばならないが、簡単《かんたん》にできるとは思《おも》えない。しかも、その前《まえ》にやらねばならないことがある。

デスノートには「相手《あいて》の顔《かお》を思《おも》い浮《う》かべながら名前《なまえ》を書《か》かなければ効果《こうか》はない」というルールがある。また、芸名《げいめい》やあだ名《な》ではダメで、本名《ほんみょう》をフルネームで正確《せいかく》に書《か》かねばならない。これによって同姓同名《どうせいどうめい》の他人《たにん》が殺《ころ》されることは防《ふせ》がれている。つまりデスノートで世界中《せかいじゅう》の人《ひと》を殺《ころ》すには、全人類《ぜんじんるい》の名前《なまえ》と顔《かお》の両方《りょうほう》を知《し》る必要《ひつよう》があるということ。これは大変《たいへん》である。

写真《しゃしん》や映像《えいぞう》が出回《でまわ》っている人《ひと》は限《かぎ》られているから、世界中《せかいじゅう》へ出《で》かけ、すべての人《ひと》に直接会《ちょくせつあ》って、名前《なまえ》を聞《き》き出《だ》さねばならない。その調査対象《ちょうさたいしょう》はもちろん73億人《おくにん》だ。

いったい、どれほど時間《じかん》がかかるのか。フルネームを教《おし》えてもらうには、かなり親《した》しくならねばなるまい。運《うん》よく1人《ひとり》3分《ぷん》で名前《なまえ》が聞《き》き出《だ》せたとしても、全人類《ぜんじんるい》73億人《おくにん》の名前《なまえ》を知《し》るまでに要《よう》する時間《じかん》は、3億《おく》7千万《せんまん》時間《じかん》=1521万日《まんにち》=4万《まん》2千年《せんねん》！　有名《ゆうめい》なラスコーの洞窟壁画《どうくつへきが》が描《えが》かれたのが1万《まん》6千年前《せんねんまえ》だから、その倍以上《ばいいじょう》の時間《じかん》がかかる。73億人《おくにん》とは、それほどの人数《にんずう》だ。

だが、デスノートには特殊《とくしゅ》な使《つか》い方《かた》がある。死神《しにがみ》と「目《め》の取引《とりひき》」をすると、自分《じぶん》の寿命《じゅみょう》が半分《はんぶん》になる代《か》わりに、顔《かお》を見《み》た人《ひと》の寿命《じゅみょう》と氏名《しめい》が文字《もじ》で浮《う》かび上《あ》がるのだ。人生《じんせい》が半分《はんぶん》になるのは怖《こわ》いが、これを使《つか》うしかないだろう。

この力《ちから》を使《つか》って、道《みち》ですれ違《ちが》う人《ひと》の名前《なまえ》を書《か》いていくと、それなりに数《かず》は稼《かせ》げるだろう。車《くるま》で走《はし》りながら通行人《つうこうにん》をビデオに収《おさ》め、あとで映像《えいぞう》を見《み》ながら名前《なまえ》を書《か》けば、もっと効率《こうりつ》は上《あ》がるはずだ。とはいうものの、日本《にほん》に限《かぎ》っても道路《どうろ》の総延長《そうえんちょう》は125万《まん》6600㎞。なんと地球《ちきゅう》31周分《しゅうぶん》もある。

このはるかな道《みち》のりを時速《じそく》50㎞で休《やす》みなく走《はし》り続《つづ》けると、1047日《にち》=2年《ねん》10ヵ月《げつ》かかる。もちろん全員《ぜんいん》が都合《つごう》よく自分《じぶん》の通《とお》る道《みち》を歩《ある》いているはずもないし、もし全員《ぜんいん》の顔《かお》と名前《なまえ》がわかったとしても、そこから名前《なまえ》を書《か》いていく時間《じかん》も必要《ひつよう》だ。そもそも3年足《ねんた》らずで済《す》むのは日本《にほん》だけの話《はなし》で、ターゲットは全世界《ぜんせかい》。これはもう、人《ひと》の顔《かお》がわかるほどの超高解像度偵察衛星《ちょうこうかいぞうどていさつえいせい》を開発《かいはつ》し、打《う》ち上《あ》げるしかあるまい……。

◆名前《なまえ》を書《か》くのに何時間《なんじかん》かかる!?

こうして、全人類《ぜんじんるい》73億人《おくにん》の名前《なまえ》と顔《かお》を把握《はあく》したら、次《つぎ》はそれをノートに書《か》かねばならない。これにもかなりの時間《じかん》がかかるのではないだろうか。

実際《じっさい》に試《ため》してみよう。ノートを買《か》ってきて、人《ひと》の名前《なまえ》を書《か》いてみるのだ。

いや、ちょっと待《ま》て、誰《だれ》の名前《なまえ》を書《か》けばいいのだろう？　自分《じぶん》の名前《なまえ》を書《か》く勇気《ゆうき》はないし、適当《てきとう》な知人《ちじん》の名《な》を書《か》いて、もし何《なに》かあったら一生後悔《いっしょうこうかい》する。うーん……。

筆者《ひっしゃ》はここで30分《ぷん》ほど悩《なや》んで、「七転八倒《しちてんばっとう》」という4文字《もじ》を書《か》くことに決《き》めた。さすがにこんな名前《なまえ》の人《ひと》はいないと思《おも》うのだが、それでも世《よ》の中《なか》、何《なに》が起《お》こるかわからない。「どうか、そんな名前《なまえ》の人《ひと》が実在《じつざい》しませんように」と祈《いの》りながら書《か》いていくと、ノートの1行《ぎょう》には6個《こ》の「七転《しちてん》八倒《ばっとう》」くんが入《はい》った。

買《か》ってきたノートは1ページ35行《ぎょう》。デスノートがこれと同《おな》じ作《つく》りなら、1ページを埋《う》めると210人《にん》が死《し》んでしまうわけである。目標《もくひょう》の73億人《おくにん》の名前《なまえ》を書《か》き込《こ》むには、3500万《まん》ページが必要《ひつよう》だ。デスノートはいくら名前《なまえ》を書《か》いてもページが尽《つ》きないという設定《せってい》になっているが、この驚異《きょうい》の特質《とくしつ》がなければ、厚《あつ》さ1・7㎞、重《おも》さ73tのノートが必要《ひつよう》になるところだった！

では、73億人《おくにん》の名前《なまえ》を書《か》くのに必要《ひつよう》な時間《じかん》とはどれくらいか？　ストップウォッチを片手《かたて》に

「七転八倒《しちてんばっとう》」と書《か》いてみると、５秒《びょう》を要《よう》した。すると、１日《にち》に15時間《じかん》書《か》いた場合《ばあい》、亡《な》くなる人数《ずう》は１万《まん》８０００人《にん》。たった１日《にち》にこれほどの人命《じんめい》が奪《うば》えるとは、恐《おそ》ろしいノートである。

　このペースで書《か》き続《つづ》ければ、１年《ねん》で３９４万人《まんにん》がお亡《な》くなりになる。32年《ねん》で日本《にほん》の人口《じんこう》に等《ひと》しい１億《おく》２６００万人《まんにん》が片《かた》づいて……と思《おも》ったが、ここで重大《じゅうだい》なことに気《き》がついた。

　日本《にほん》では、少子化《しょうしか》と人口《じんこう》の減少《げんしょう》が叫《さけ》ばれているが、世界規模《せかいきぼ》でみると決《けっ》してそうではない。

現在《げんざい》、世界《せかい》の人口《じんこう》は1年《ねん》に8千万人《せんまんにん》ずつ増《ふ》えているのだ。1日《にち》あたり22万人《まんにん》の増加《ぞうか》である。

ということは、1日《にち》に1万《まん》800人《にん》ずつ裁《さば》いていっても、地球《ちきゅう》の人口《じんこう》は毎日《まいにち》21万人《まんにん》ずつ増《ふ》えていく。書《か》いても書《か》いても決《けっ》して追《お》いつかない！

もっと急《いそ》がねば、すべての努力《どりょく》が無駄《むだ》になる。人口増加《じんこうぞうか》も考慮《こうりょ》して10年《ねん》で仕事《しごと》を終《お》わらせるには、1日《にち》に221万人《まんにん》の名前《なまえ》を書《か》く必要《ひつよう》がある。1日《にち》に15時間《じかん》書《か》くなら、1秒《びょう》に41人《にん》！

これはもう生身《なまみ》の人間《にんげん》には無理《むり》だから、自分《じぶん》の体《からだ》を高速《こうそく》で文字《もじ》が書《か》けるサイボーグに改造《かいぞう》するとか、そのくらい思《おも》い切《き》ったことをやる必要《ひつよう》があるだろう。そして、それで済《す》むのも文字数《もじすう》や画《かく》数《すう》が「七転八倒《しちてんばっとう》」レベルだったときの話《はなし》。世《よ》の中《なか》には、名前《なまえ》の長《なが》い人《ひと》がいる。たとえば、画家《がか》のピカソのフルネームは「パブロ・ディエゴ・ホセ・フランシスコ・デ・パウラ・ホアン・ネポプセーノ・マリーア・デ・ロス・レメディオス・クリスピーン・クリスピーノ・デ・ラ・サンティシマ・トリニダード・ルイス・イ・ピカソ」。こんなヤヤコシイ名前《なまえ》をスペイン語《ご》で綴《つづ》らねばならないのだ。もう絶対《ぜったい》に嫌《いや》になる！

寿命《じゅみょう》を半分《はんぶん》に縮《ちぢ》め、体《からだ》をサイボーグ化《か》して、来《く》る日《ひ》も来《く》る日《ひ》も衛星画像《えいせいがぞう》とにらめっこしながら、ノートに名前《なまえ》を書《か》き続《つづ》けること10年《ねん》。あまりにつらく、空《むな》しい人生《じんせい》である。

やはり、デスノートで全人類《ぜんじんるい》を殺《ころ》そうなどとは考《かんが》えてはいけませんなあ。

とっても気《き》になる昔話《むかしばなし》の疑問《ぎもん》

『赤《あか》ずきん』のオオカミは人間《にんげん》を呑《の》み込《こ》みましたが、大《おお》きすぎませんか？

筆者《ひっしゃ》は幼《おさな》い頃《ころ》から、このグリム童話《どうわ》が恐《おそ》ろしくて仕方《しかた》がなかった。特《とく》に、赤《あか》ずきんちゃんが食《た》べられるシーンの怖《こわ》かったこと！　その場面《ばめん》を再現《さいげん》すると、こんな感《かん》じであった。

赤《あか》ずきんちゃんがおばあさんの家《いえ》へ行《い》くと、先回《さきまわ》りしておばあさんを丸呑《まるの》みにしたオオカミが、おばあさんのふりをしてベッドに寝《ね》ている。赤《あか》ずきんちゃんはその正体《しょうたい》に気《き》づかず、オオカミとこんな会話《かいわ》を交《か》わす。

「おばあさんの耳《みみ》は、なぜそんなに大《おお》きいの？」「おまえのかわいい声《こえ》をよく聞《き》くためさ」

「なぜそんなに目《め》が大《おお》きいの？」「おまえのかわいい顔《かお》をよく見《み》るためさ」

「なぜそんなに口《くち》が大《おお》きいの？」「おまえをばっくり食《た》べるためさ！」こわひ〜。普通《ふつう》の会話《かいわ》をしているように見《み》せかけて、いきなり正体《しょうたい》を現《あらわ》すとはあんまりだ！　こうして赤《あか》ずきんちゃんも丸呑《まるの》みにされてしまった。しかし、通《とお》りかかった猟師《りょうし》さんが、寝《ね》ていたオオカミのお腹《なか》をハサミで切《き》って2人《ふたり》を救出《きゅうしゅつ》。赤《あか》ずきんちゃんがオオカミのお腹《なか》に石《いし》ころをつめて縫《ぬ》い合《あ》わせたので、オオカミは死《し》んでしまいましたとさ。めでたしめでたし。

無事《ぶじ》に解決《かいけつ》してよかったが、やっぱり怖《こわ》い話《はなし》である。しかも、老女《ろうじょ》と幼女《ようじょ》とはいえ、オオカミが人間《にんげん》を2人《ふたり》も丸呑《まるの》みにできるのか。よっぽどオオカミがデカかったとしか思《おも》えないのだが。

◆オオカミの大《おお》きさは？

オオカミに丸呑《まるの》みにされるとは、身《み》の毛《け》もよだつ話《はなし》だ。しかし、これこそが、赤《あか》ずきんちゃんとおばあさんにとって不幸中《ふこうちゅう》の幸《さいわ》いだった。

肉食《にくしょく》の哺乳類《ほにゅうるい》は、獲物《えもの》に致命傷《ちめいしょう》を与《あた》えると、前足《まえあし》で押《お》さえつけ、牙《きば》で肉《にく》を噛《か》みちぎって食《た》べる。この当《あ》たり前《まえ》の食《た》べ方《かた》をされたら、猟師《りょうし》さんが通《とお》りかかったところで、2人《ふたり》に生還《せいかん》の道《みち》はなかったわけである。よかったなあ、丸呑《まるの》みにされて。

そもそもオオカミとは、いかなる動物《どうぶつ》なのだろう。百科事典《ひゃっかじてん》によれば、かつてヨーロッパに棲《せい》息《そく》したのはハイイロオオカミ。10頭《とう》前後《ぜんご》の群《む》れを作《つく》り、シカやウシなどを襲《おそ》うが、狙《ねら》うのは子《こ》どもなど弱《よわ》い個体《こたい》。なるほど、赤《あか》ずきんちゃんとおばあさんを狙《ねら》ったのも、オオカミとしての習性《しゅうせい》だったわけだ。ナットクできますなあ。

また、群《む》れには厳《きび》しい順位制《じゅんいせい》があり、捕《と》らえた獲物《えもの》を食《た》べる順番《じゅんばん》も、その順位《じゅんい》に従《したが》うという。筆者《ひっしゃ》が思《おも》うに、劇中《げきちゅう》のオオカミは、かなり下《した》っ端《ぱ》だったのではないだろうか。ボヤボヤしていると餌《えさ》を上位《じょうい》の者《もの》に横取《よこど》りされるから、急《いそ》いで丸呑《まるの》みにしたのではないかなあ。想像《そうぞう》だけど。

そして問題《もんだい》の大《おお》きさだが、ハイイロオオカミは最大個体《さいだいこたい》でも、尾《お》を除《のぞ》く体長《たいちょう》が1・6m、肩高《けんこう》(肩《かた》の高《たか》さ)が97㎝、体重《たいじゅう》は82kg。結構大《けっこうおお》きいが、それでも体重《たいじゅう》は人間《にんげん》と同《おな》じくらいだ。人間《にんげん》が人間《にんげん》を丸呑《まるの》みにできないように、ハイイロオオカミも人間《にんげん》を丸呑《まるの》みにはできないだろう。

いや、動物《どうぶつ》の習性《しゅうせい》を考《かんが》える際《さい》に、人間《にんげん》の常識《じょうしき》は通用《つうよう》しない。野生動物《やせいどうぶつ》は、一度《いちど》に大量《たいりょう》の餌《えさ》を食《た》べるというではないか。次《つぎ》にいつ餌《えさ》にありつけるかわからないから、食《く》いだめをするのだ。

ところが調《しら》べてみると、一回《いっかい》の摂食量《せっしょくりょう》は最大《さいだい》でも体重《たいじゅう》の5分《ぶん》の1程度《ていど》だという。右《みぎ》の体重《たいじゅう》82kgのオオカミの場合《ばあい》で16・4kgである。赤《あか》ずきんちゃんが6歳《さい》くらいだと仮定《かてい》すると、日本人《にほんじん》のその年齢《ねんれい》の女児《じょじ》の平均体重《へいきんたいじゅう》は20kg。うーん、赤《あか》ずきんちゃん1人《ひとり》だったら、ムチャクチャ頑張《がんば》れば丸呑《まるの》みできるかなあ……というレベルだ。

それでも2人を丸呑《まるの》みにしたとなると、『赤《あか》ずきん』のオオカミは並外《なみはず》れてデカかったと考《かんが》えるしかない。赤《あか》ずきんちゃんとおばあさんの体重《たいじゅう》が合計《ごうけい》で80kgあったとして、そこから逆算《ぎゃくさん》すれば、オオカミの体重《たいじゅう》はその5倍《ばい》の400kgを上回《うわまわ》ったことになる。

通常《つうじょう》のオオカミの体格《たいかく》から計算《けいさん》すると、体長《たいちょう》2・7m、肩高《けんこう》1・7m。地上最大《ちじょうさいだい》の肉食獣《にくしょくじゅう》・ハイイログマでさえ体長《たいちょう》2・5m。それを上回《うわまわ》る驚異《きょうい》の大《おお》オオカミだったということだ！

◆赤《あか》ずきんちゃんが不思議《ふしぎ》！

だが、ここまでの計算《けいさん》は、胃《い》の容積《ようせき》だけを根拠《こんきょ》にしたもの。胃《い》がいくら大《おお》きくても、食道《しょくどう》の直《ちょっ》径《けい》が大《おお》きくなければ、丸呑《まるの》みにはできないはずである。

しかしいろいろ調《しら》べても、オオカミの食道《しょくどう》の直径《ちょっけい》がわからない。仕方《しかた》がないので、自分《じぶん》の体験《たいけん》と比較《ひかく》しながら推測《すいそく》しよう。

筆者《ひっしゃ》は20歳《さい》の頃《ころ》、ある飲食店《いんしょくてん》の「餃子《ぎょうざ》60個《こ》を30分《ぷん》で食《た》べたらタダ」という企画《きかく》に挑戦《ちょうせん》して、ぎりぎり27分《ふん》で完食《かんしょく》したことがある。その餃子《ぎょうざ》の量《りょう》は1・5kgで、ハイイロオオカミが満腹《まんぷく》する16・4kgとは、その11倍《ばい》だ。忙《いそが》しい野生《やせい》の身《み》でゆっくり食事《しょくじ》を楽《たの》しんではいられまいから、筆者《ひっしゃ》と同《おな》じ30分《ぷん》で食《た》べると考《かんが》えよう。11倍《ばい》の量《りょう》を同《おな》じ時間《じかん》で食《た》べるには、食道《しょくどう》の直径《ちょっけい》は3・3倍《ばい》が必要《ひつよう》だ。

人間《にんげん》の食道《しょくどう》は、最大《さいだい》で直径《ちょっけい》3cmに広《ひろ》がるという。ここから計算《けいさん》すると、最大個体《さいだいこたい》のハイイロオオカミの食道《しょくどう》は、最大《さいだい》10cmに広《ひろ》がると考《かんが》えられる。

おばあさんを丸呑《まるの》みにするには、縦《たて》40cm、横《よこ》20cm、平均直径《へいきんちょっけい》30cmの食道《しょくどう》が必要《ひつよう》だろう。すると劇中《げきちゅう》のオオカミは、自然界《しぜんかい》のハイイロオオカミより3倍《ばい》も大《おお》きかったことになる。すると、体長《たいちょう》4・8m、肩高《けんこう》3m、体重《たいじゅう》2・2t。体重《たいじゅう》はカバとほぼ同《おな》じ。大《おお》きさはサイとゾウの中間《ちゅうかん》くらい！

ここまでデカいとなると、不思議《ふしぎ》なのは赤《あか》ずきんちゃんだ。なぜこんなに大《おお》きなオオカミを、おばあさんと間違《まちが》えて、おめおめと近《ちか》づいたのか？

赤《あか》ずきんちゃんも、おばあさんのベッドに寝《ね》ていたオオカミに対《たい》して、違和感《いわかん》を口《くち》にしてはいる。「なぜそんなに目《め》が大《おお》きいの」「なぜそんなに耳《みみ》が大《おお》きいの」と。いや、そんな細《こま》かいことより、体全体《からだぜんたい》の大《おお》きさがまるっきり違《ちが》うでしょう、体全体《からだぜんたい》の大《おお》きさが！

ここまで大《おお》きいと、謎《なぞ》が次々《つぎつぎ》に生《う》まれる。肩《かた》の高《たか》さが３ｍもあるオオカミが、おばあさんの家《いえ》に入《はい》れたのも謎《なぞ》なら、ベッドがその体重《たいじゅう》２・２ｔを支《ささ》え切《き》ったのも驚異《きょうい》。そして、猟師《りょうし》さんがこのオオカミの分厚《ぶあつ》い腹《はら》を切《き》り裂《さ》ける巨大《きょだい》なハサミを持《も》っていたのも本当《ほんとう》に奇跡《きせき》だった。そんな大《おお》きなハサミを持《も》って歩《ある》くのは、猟師《りょうし》さんではなく、植木屋《うえきや》さんだと思《おも》うが。

赤《あか》ずきんちゃんの対処《たいしょ》も徹底《てってい》している。通常《つうじょう》、腹《はら》をかっさばいたら、動物《どうぶつ》はそれだけで死《し》ぬと思《おも》う。わざわざ石《いし》を詰《つ》めて縫《ぬ》い合《あ》わせなくても……。

いや、彼女《かのじょ》がそこまでやったからこそ、石《いし》に付着《ふちゃく》した細菌《さいきん》が、お腹《なか》の中《なか》で感染症《かんせんしょう》を引《ひ》き起《お》こし、巨大《きょだい》オオカミの血統《けっとう》は途絶《とだ》えて、われら人類《じんるい》は巨大《きょだい》オオカミの脅威《きょうい》にさらされずに済《す》んでいるのかもしれません。ここは素直《すなお》に、オオカミに呑《の》まれるという試練《しれん》を乗《の》り越《こ》えて、オオカミにとどめを刺《さ》した赤《あか》ずきんちゃんに感服《かんぷく》したいと思《おも》う。

とっても気《き》になる特撮《とくさつ》の疑問《ぎもん》

『特捜《とくそう》エクシードラフト』に登場《とうじょう》した時速《じそく》3千《ぜん》㎞のマシン・バリアス7《セブン》。そんなモノに乗《の》ったらどうなりますか？

正義《せいぎ》のヒーローが乗《の》るマシンは異様《いよう》に速《はや》い。それが空想科学《くうそうかがく》の世界《せかい》の常識《じょうしき》である。たとえば、『仮面《かめん》ライダー』で1号《ごう》ライダーが乗《の》っていたバイク・サイクロン号《ごう》は、最高時速《さいこうじそく》５００㎞だった。『仮面《かめん》ライダーＶ３《ブイスリー》』のハリケーン号《ごう》は時速《じそく》６００㎞、『救急戦隊《きゅうきゅうせんたい》ゴーゴーファイブ』の救急《きゅうきゅう》車《しゃ》・ピンクエイダーに至《いた》っては時速《じそく》７２０㎞！　いずれも明《あき》らかに法定速度《ほうていそくど》を超《こ》えているし、特《とく》にピンクエイダーの場合《ばあい》、救急車《きゅうきゅうしゃ》がそんな猛《もう》スピードで走《はし》ったら、新《あたら》しいケガ人《にん》が発生《はっせい》しないかと心配《しんぱい》になる。

だが、この程度《ていど》で驚《おどろ》いていてはいけない。筆者《ひっしゃ》の知《し》る限《かぎ》り、空想科学《くうそうかがく》の世界《せかい》でいちばん速《はや》く走《はし》るマシンの速度《そくど》は、あろうことか時速《じそく》3千《ぜん》km！

この驚異《きょうい》のマシンが登場《とうじょう》するのは『特捜《とくそう》エクシードラフト』というマイナーな特撮番組《とくさつばんぐみ》。オープニングのナレーションでは「多様化《たようか》する犯罪《はんざい》から人々《ひとびと》を守《まも》るために3つの魂《たましい》が炎《ほのお》となって燃《も》えた。これは明日《あす》の地球《ちきゅう》に愛《あい》と優《やさ》しさを求《もと》めた特別救急捜査隊《とくべつきゅうきゅうそうさたい》の物語《ものがたり》である」と語《かた》られていた。

いや〜、もう冒頭《ぼうとう》から急《いそ》いでいる感《かん》じが伝《つた》わってきますなあ。

この特別救急捜査隊《とくべつきゅうきゅうそうさたい》エクシードラフトの隊長《たいちょう》・ドラフトレッダーが乗《の》る自動車《じどうしゃ》「バリアス7《セブン》」は、普段《ふだん》の最高速度《さいこうそくど》が時速《じそく》400km。緊急時《きんきゅうじ》には、なんと時速《じそく》3千《ぜん》kmで走《はし》れるという！

これは本当《ほんとう》にすごいスピードだ。だが、そんな高速《こうそく》で地上《ちじょう》を走《はし》ったら、いったい何《なに》が起《お》こるのだろう？　いや、それ以前《いぜん》に、そんな速度《そくど》で走《はし》ることが可能《かのう》なのだろうか？

◆車《くるま》なのに、ピストルの弾丸《だんがん》より速《はや》い

現実世界《げんじつせかい》の自動車《じどうしゃ》の最高速度《さいこうそくど》は、1997年《ねん》に「スラストSSC《エスエスシー》」というイギリスの車《くるま》が出《だ》した時速《じそく》1228kmだ。ただし、これはひたすらスピードを追求《ついきゅう》するために、ジェットエンジンで一直線《いっちょくせん》に走《はし》る車《くるま》であり、曲《ま》がることもできない。

運転《うんてん》できる車《くるま》でもっとも速《はや》いのは、ブガッティ社《しゃ》の「ヴェイロン」で、2010年《ねん》に時速《じそく》43

１㎞を記録《きろく》した。現時点《げんじてん》では、これが実用《じつよう》に堪《た》える自動車《じどうしゃ》の最高速度《さいこうそくど》といっていいだろう。

それに比《くら》べて、われらがバリアス７《セブン》は時速《じそく》３千《ぜん》㎞で走《はし》るというのだ。もう、スラストＳＳＣにもヴェイロンにも大圧勝《だいあっしょう》。単純計算《たんじゅんけいさん》すれば、道路《どうろ》に沿《そ》って走《はし》っていっても、東京《とうきょう》から鹿児島《かごしま》までたった30分《ぷん》しかかからないのだからモノスゴイ！

ジェット機《き》の速度《そくど》は、音《おと》の速《はや》さの何倍《なんばい》かを示《しめ》す「マッハ」で表現《ひょうげん》される。時速《じそく》３千《ぜん》㎞をこれに直《なお》せば、マッハ２・５。アメリカ空軍《くうぐん》のＦ－１１１戦闘機《せんとうき》と同《おな》じである。バリアス７《セブン》は、地上《ちじょう》を走《はし》りながらジェット戦闘機《せんとうき》といい勝負《しょうぶ》をするのだ。

１秒間《びょうかん》に進《すす》む距離《きょり》で表《あらわ》せば、秒速《びょうそく》８３３ｍ。ピストルの弾丸《だんがん》(秒速《びょうそく》２００～６００ｍ)より速《はや》く、ライフル弾《だん》(秒速《びょうそく》８００～１０００ｍ)と肩《かた》を並《なら》べる。走《はし》り去《さ》るバリアス７《セブン》を後《うし》ろからピストルで撃《う》っても、弾丸《だんがん》が追《お》いつけないのである。

こんな速度《そくど》で地上《ちじょう》を走《はし》るからには、強力《きょうりょく》なエンジンを積《つ》んでいるに違《ちが》いない。同《おな》じ方法《ほうほう》で走《はし》る場合《ばあい》、エンジンには速度《そくど》の３乗《じょう》の出力《しゅつりょく》が必要《ひつよう》になる。前述《ぜんじゅつ》のヴェイロンのエンジンは１千馬力《せんばりき》だ。その７倍《ばい》も速《はや》く走《はし》るバリアス７《セブン》には、７×７×７＝３４３倍《ばい》の出力《しゅつりょく》が求《もと》められる。つまりバリアス７《セブン》は34万《まん》３千馬力《ぜんばりき》のエンジンを搭載《とうさい》していることになる。史上最大《しじょうさいだい》の戦艦《せんかん》で重量《じゅうりょう》６万《まん》５千《せん》ｔの「大和《やまと》」でさえ15万馬力《まんばりき》だったのに！

◆最高速度《さいこうそくど》まで31㎞走《はし》らねば！

こんなエンジンがあったとしても、地上《ちじょう》を時速《じそく》3千《ぜん》㎞で走《はし》るのは簡単《かんたん》ではない。まず、時速《じそく》3千《ぜん》㎞に到達《とうたつ》するのが大変《たいへん》だ。ヴェイロンは、スタートしてから2・5秒《びょう》で時速《じそく》100㎞に達《たっ》する。すごい加速力《かそくりょく》だが、バリアス7《セブン》が同《おな》じ勢《いきお》いで加速《かそく》したのでは、時速《じそく》3千《ぜん》㎞に達《たっ》するのに1分《ぷん》15秒《びょう》もかかる。救急捜査隊《きゅうきゅうそうさたい》のマシンとしては時間《じかん》がかかりすぎだろう。

しかも、そのあいだにバリアス7《セブン》は31㎞も走《はし》ってしまう。ジェット機《き》が滑走路《かっそうろ》を必要《ひつよう》とするように、バリアス7《セブン》には31㎞のまっすぐな道路《どうろ》が必要《ひつよう》なのだ。エクシードラフトの本部《ほんぶ》が新宿《しんじゅく》にあるなら、八王子《はちおうじ》まで伸《の》びる直線道路《ちょくせんどうろ》を建設《けんせつ》しなければならない。幾多《いくた》の苦難《くなん》を乗《の》り越《こ》えてこれを作《つく》ったとしても、敵《てき》が正反対《せいはんたい》の千葉《ちば》に現《あらわ》れたら、まったく無用《むよう》の長物《ちょうぶつ》となる。

無駄《むだ》な工事《こうじ》をしないためにも、バリアス7《セブン》には10秒程度《びょうていど》で時速《じそく》3千《ぜん》㎞に達《たっ》してほしいところである。それでも4・2㎞の直線道路《ちょくせんどうろ》が必要《ひつよう》だが、搭乗《とうじょう》するドラフトレッダー隊長《たいちょう》の安全《あんぜん》を考《かんが》えれば、これ以上《いじょう》の過激《かげき》な加速《かそく》はやめたほうがいい。車《くるま》が急発進《きゅうはっしん》すると、体《からだ》はシートに押《お》しつけられる。あれの強烈《きょうれつ》なヤツが、レッダー隊長《たいちょう》を襲《おそ》うからだ。10秒《びょう》で時速《じそく》3千《ぜん》㎞に達《たっ》するには、車《くるま》の重《じゅう》量《りょう》の8・5倍《ばい》の力《ちから》で加速《かそく》しなければならない。これによって隊長《たいちょう》は、シートに体重《たいじゅう》の8・5倍《ばい》の力《ちから》で押《お》しつけられる。隊長《たいちょう》の体重《たいじゅう》が70㎏だとすると595㎏である。加速《かそく》しているあいだ、大《おお》相撲《ずもう》の力士《りきし》3人《にん》がのしかかっているような圧迫《あっぱく》を受《う》けるのだ。大丈夫《だいじょうぶ》ですか、隊長《たいちょう》!?

カーブすると、もっとヒドイことになる。車《くるま》が曲《ま》がると、車体《しゃたい》や乗《の》っている人《ひと》には反対向《はんたいむ》きに遠心力《えんしんりょく》がかかる。これが大《おお》きくなりすぎないように、普通《ふつう》の車《くるま》でも曲《ま》がるときにはスピードを落《お》とすから、バリアス7《セブン》もカーブでは時速《じそく》1千《せん》kmに減速《げんそく》するとしよう。

だが、3分《ぶん》の1に減速《げんそく》したにもかかわらず、このスピードで道幅《みちはば》10mの交差点《こうさてん》を曲《ま》がると、どんなに大《おお》きなカーブを描《えが》いても体重《たいじゅう》の230倍《ばい》の遠心力《えんしんりょく》が発生《はっせい》する。レッダー隊長《たいちょう》の場合《ばあい》、それは16tだ！

隊長《たいちょう》は完全《かんぜん》に失神《しっしん》、いやたぶんお亡《な》くなりになって、操縦者《そうじゅうしゃ》を失《うしな》ったバリアス7《セブン》は時速《じそく》3千《ぜん》kmで暴走《ぼうそう》していく……。

◆さあ、戦闘機《せんとうき》に乗《の》ろう！

時速《じそく》3千《ぜん》kmで走《はし》れても、曲《ま》がった途端《とたん》に運転手《うんてんしゅ》が死《し》んでしまうのでは意味《いみ》がない。というより、そんな危険《きけん》なマシンに出動《しゅつどう》してもらっては困《こま》る。

レッダー隊長《たいちょう》はもう、バリアス7《セブン》に乗《の》らないほうがいい。外《そと》に出《で》てリモコンで操縦《そうじゅう》するのだ。

だが、それでもバリアス7《セブン》がちゃんと走《はし》れるかどうかは疑問《ぎもん》である。

車《くるま》が走《はし》れるのは、タイヤと路面《ろめん》のあいだに摩擦力《まさつりょく》が働《はたら》くからだ。車重《しゃじゅう》の8・5倍《ばい》もの力《ちから》で加速《かそく》するには、摩擦力《まさつりょく》も車重《しゃじゅう》の8・5倍《ばい》が必要《ひつよう》だ。それがなければ、バリアス7《セブン》のタイヤがどれほど速《はや》く回転《かいてん》しても、路面《ろめん》の上《うえ》で空回《からまわ》りしてしまい、スピードは上《あ》がらない。

しかし、車重《しゃじゅう》の8・5倍《ばい》ともなると、これはもう摩擦力《まさつりょく》というより粘着力《ねんちゃくりょく》である。なぜなら、それだけの摩擦力《まさつりょく》が働《はたら》くとしたら、バリアス7《セブン》は傾《かたむ》き83度《ど》という壁《かべ》のような斜面《しゃめん》に、ペタッと貼《は》りついたままでいられるはず、という計算《けいさん》になるからだ。

いや、曲《ま》がることを考《かんが》えると、さらに強《つよ》い粘着力《ねんちゃくりょく》が必要《ひつよう》だ。前述《ぜんじゅつ》のような車重《しゃじゅう》の230倍《ばい》の遠心力《しんりょく》を受《う》けても滑《すべ》らないためには、傾《かたむ》き89・8度《ど》の壁《かべ》に貼《は》りつける粘着力《ねんちゃくりょく》が必要《ひつよう》に……。

え？　どうすればそこまでの粘着力《ねんちゃくりょく》が出《だ》せるのか？　う〜ん、そうねえ。タイヤに溝《みぞ》を掘《ほ》るとか、温度《おんど》を上《あ》げて粘着力《ねんちゃくりょく》を増大《ぞうだい》させるとか、そういう普通《ふつう》の方法《ほうほう》では、まるで間《ま》に合《あ》わないだろうなあ。よしっ、こうなったら、タイヤにウニのようなトゲをつけ、地面《じめん》に開《あ》けた穴《あな》にトゲを差《さ》し込《こ》みながら走《はし》りましょー。こうすれば、タイヤが空回《からまわ》りすることはないはずだ。

しかし、その穴《あな》は誰《だれ》が開《あ》けるのか？　それはやっぱりレッダー隊長《たいちょう》でしょうなあ。この人《ひと》がマッハ2・5のジェット戦闘機《せんとうき》に乗《の》って、機関銃《きかんじゅう》で道路《どうろ》に穴《あな》を開《あ》けていく。その後《あと》を無人《むじん》のバリアス7《セブン》がリモコン操作《そうさ》で追走《ついそう》すれば、見事《みごと》に時速《じそく》3千《ぜん》㎞の激走《げきそう》が実現《じつげん》する……！

う〜ん、そんなことをするぐらいなら、隊長《たいちょう》はもうバリアス7《セブン》を放《ほう》っといて、そのジェット機《き》で敵《てき》を追《お》いかけ、場合《ばあい》によっては機関銃《きかんじゅう》で悪人《あくにん》を撃《う》ちまくったほうがいい気《き》がするな。

なんだかワケのわからないことになってきたが、現在《げんざい》の科学《かがく》では、ここまでしないと車《くるま》は時《じ》速《そく》3千《ぜん》kmでは走《はし》れないのだ。しかし『特捜《とくそう》エクシードラフト』の世界《せかい》では、これらを容易《ようい》に実《じつ》現《げん》している。その科学力《かがくりょく》は瞠目《どうもく》に値《あたい》する。

とっても気《き》になるアニメの疑問《ぎもん》

『となりのトトロ』のトトロとは、いったいどんな生《い》き物《もの》なのでしょうか?

物語《ものがたり》の舞台《ぶたい》は、１９５０年代後半《ねんだいこうはん》。サツキとメイは、父親《ちちおや》といっしょに、郊外《こうがい》の一軒家《いっけんや》に引《ひ》っ越《こ》してくる。家《いえ》の近《ちか》くには、入道雲《にゅうどうぐも》のように大《おお》きなクスノキが生《は》えていて、４歳《さい》のメイはその木《き》の側《そば》で不思議《ふしぎ》な生《い》き物《もの》と出会《であ》う。それがトトロだった。

などと『となりのトトロ』の始《はじ》まりを書《か》いてみたけど、こんな有名《ゆうめい》なアニメの内容《ないよう》を紹介《しょうかい》する必要《ひつよう》はなかったですね。いまの日本《にほん》には、トトロを知《し》らない人《ひと》のほうが少《すく》ないだろう。

そう考《かんが》えると、不思議《ふしぎ》である。トトロとはいったい何者《なにもの》なのか？　誰《だれ》もが知《し》っているキャラクターなのに、その正体《しょうたい》は、実《じつ》はハッキリしない。

『徳間《とくま》アニメコミック　となりのトトロ』では「むかしから森《もり》にすんでいるおばけ」と紹介《しょうかい》してあったし、『徳間《とくま》アニメ絵本《えほん》　となりのトトロ』には「にんげんよりむかしから日本《にっぽん》にすんでいる生《い》きもの」と書《か》いてあった。「おばけ」と「生《い》きもの」では全然違《ぜんぜんちが》うと思《おも》うのだが、いったいどっちなんだ？　つけ加《くわ》えれば、以前《いぜん》にあるパーティーでスタジオジブリの方《かた》に伺《うかが》ったのだが、トトロの身長《しんちょう》や体重《たいじゅう》も、公式《こうしき》には設定《せってい》されておらず、「子《こ》どもたちから問《と》い合《あ》わせがあっても、答《こた》えようがないんです」だそうだ。結局《けっきょく》、まるで正体不明《しょうたいふめい》なのである。

これは科学的《かがくてき》に大《おお》きな問題《もんだい》だ。ぜひとも考《かんが》えてみよう。トトロとは何者《なにもの》なのか？

◆日本最大《にほんさいだい》の動物《どうぶつ》だった！

まず、根本的《こんぽんてき》な疑問《ぎもん》を解決《かいけつ》しよう。生《い》き物《もの》なのか、お化《ば》けなのか？　生物学《せいぶつがく》では、生物《せいぶつ》を「エネルギー代謝《たいしゃ》を行《おこな》い、自己複製《じこふくせい》し、自己保存《じこほぞん》の能力《のうりょく》を持《も》つ物質系《ぶっしつけい》」と定義《ていぎ》している。要《よう》するに、物《もの》を食《た》べて呼吸《こきゅう》し、子《こ》どもを増《ふ》やし、自分《じぶん》が生《い》きるために活動《かつどう》するなら、それがお化《ば》けであっても「生物《せいぶつ》」といえるということだ。その観点《かんてん》からみれば、トトロは昼寝《ひるね》をしているときに気持《きも》ちよさそうに呼吸《こきゅう》していたし、中《ちゅう》トトロや小《しょう》トトロもいたから子《こ》どもを生《う》むのだろうし、ドングリを集《あつ》めていたので自己保存《じこほぞん》の能力《のうりょく》もあると思《おも》われる。つまり、トトロは立派《りっぱ》に生物《せいぶつ》なのだ。

生物《せいぶつ》ならば、身長《しんちょう》や体重《たいじゅう》を知《し》る手立《てだ》てもあるはずだ。これを考《かんが》えてみよう。

前掲《ぜんけい》の『徳間《とくま》アニメ絵本《えほん》　となりのトトロ』には、トトロの身長《しんちょう》は「やく　2メートル」と書《か》かれている。「やく」では心《こころ》もとないので、アニメの画面《がめん》から測定《そくてい》しよう。

雨《あめ》の夜《よる》、サツキがメイをおんぶして、お父《とう》さんが乗《の》ってくるバスを待《ま》つシーンがある。そこへやってきて隣《となり》に並《なら》んだトトロは、身長《しんちょう》がサツキの倍《ばい》ほどもあった。アニメの画面《がめん》で測定《そくてい》すると、トトロの耳《みみ》を除《のぞ》く頭《あたま》のてっぺんまでの高《たか》さは、サツキの身長《しんちょう》の1・98倍《ばい》である。

サツキは小学《しょうがく》4年生《ねんせい》。調《しら》べたところ、1960年《ねん》の小《しょう》4女子《じょし》の平均身長《へいきんしんちょう》は127・8㎝。サツキの身長《しんちょう》がこれと同《おな》じと考《かんが》えれば、トトロはその1・98倍《ばい》で2m53㎝。で、でっかい！

日本《にほん》で最《もっと》も大《おお》きな陸上動物《りくじょうどうぶつ》は、北海道《ほっかいどう》に住《す》むヒグマで、後《うし》ろ足《あし》で立《た》ち上《あ》がったときの身長《しんちょう》は2・4m。それより大《おお》きいということは、日本最大《にほんさいだい》の陸上動物《りくじょうどうぶつ》はトトロということになる。

これほど大《おお》きかったら、体重《たいじゅう》も半端《はんぱ》ではないだろう。そこでトトロの絵《え》を元《もと》に、その体《からだ》の体積《たいせき》を算出《さんしゅつ》すると、2200L《リットル》という数値《すうち》が得《え》られた。通常《つうじょう》の動物《どうぶつ》と同《おな》じように1L《リットル》あたりの重《おも》さを1㎏とすれば、体重《たいじゅう》はなんと2・2tだ。実《じつ》にヒグマの10倍《ばい》。サイのなかでも最《もっと》も重《おも》く、2・3tに達《たっ》するシロサイと同《おな》じくらいだ。

サツキは、こんなヤツと雨《あめ》の夜《よる》、バス停《てい》で並《なら》んでいたのだ。なんと勇気《ゆうき》のある小学生《しょうがくせい》だろう。

妹《いもうと》のメイはさらに勇敢《ゆうかん》で、彼女《かのじょ》は、昼寝《ひるね》をしているトトロの尻尾《しっぽ》につかまったり、寝返《ねがえ》りを打《う》つトトロのお腹《なか》によじ登《のぼ》ったりしていた。まったく、ヒヤヒヤするシーンである。一歩間違《いっぽまちが》うと、メイは寝返《ねがえ》りを打《う》つ体重《たいじゅう》２・２ｔの下敷《したじ》きになってしまう！

◆トトロは何《なに》を食《た》べるのか？

トトロの身長《しんちょう》はヒグマを少《すこ》し上回《うわまわ》るくらいだが、体重《たいじゅう》はその10頭分《とうぶん》。この大《おお》きな違《ちが》いは、トトロとヒグマの体形《たいけい》の違《ちが》いからきている。ヒグマが意外《いがい》にスリムなのに対《たい》して、トトロはダルマさんのようにまぁるく太《ふと》っているからだ。そして、劇中《げきちゅう》でトトロがドングリを食《た》べていたことを考《かんが》えると、この太《ふと》りっぷりにも納得《なっとく》がいくのである。

ドングリは木《き》の実《み》だから、トトロは草食動物《そうしょくどうぶつ》ということになる。ゾウやサイやカバやキリンなど、陸上《りくじょう》の大《おお》きな動物《どうぶつ》は草食性《そうしょくせい》のものが多《おお》い。海《うみ》で最大《さいだい》のシロナガスクジラや、最大《さいだい》の魚類《ぎょるい》・ジンベエザメも、オキアミなどの小《ちい》さな動物《どうぶつ》を食《た》べる。体《からだ》の大《おお》きな彼《かれ》らには、肉食動物《にくしょくどうぶつ》もうっかり近《ちか》づけないので、ゆったり時間《じかん》をかけて安全《あんぜん》に摂食《せっしょく》できる植物《しょくぶつ》や小動物《しょうどうぶつ》を食《た》べていられるのだ。

そしてトトロの体《からだ》は、ドングリを食《た》べるのに向《む》いている。人間《にんげん》にソックリな歯並《はなら》びは、前歯《まえば》でドングリを枝《えだ》からこそぎ落《お》とし、奥歯《おくば》でかみつぶすために進化《しんか》したのだろう。長《なが》い耳《みみ》は、森《もり》の中《なか》で危険《きけん》を察知《さっち》するのに役立《やくだ》つ。お腹《なか》が大《おお》きいのは、秋《あき》にたっぷりドングリを食《た》べて栄養分《えいようぶん》を脂肪《しぼう》に変《か》えて蓄《たくわ》えるからだと考《かんが》えられる。

では、手《て》の長《なが》く鋭《するど》い爪《つめ》は？ これは、枝《えだ》からドングリを掻《か》き落《お》とすためなのかもしれない。あるいはサイやウシの角《つの》のように、肉食動物《にくしょくどうぶつ》から自分《じぶん》の身《み》や子《こ》どもを守《まも》るためとも考《かんが》えられる。

ドングリは栄養価《えいようか》が高《たか》く、大量《たいりょう》の炭水化物《たんすいかぶつ》や脂肪《しぼう》を蓄《たくわ》えている。その養分《ようぶん》を求《もと》めて、リスやノネズミなどが好《この》んで食《た》べるわけだが、もし同《おな》じ森《もり》にトトロが住《す》んでいたら、他《ほか》の動物《どうぶつ》にとっては恐《おそ》ろしい競争相手《きょうそうあいて》になるだろう。体重《たいじゅう》から必要《ひつよう》な摂取《せっしゅ》カロリー量《りょう》を計算《けいさん》すると、トトロは1日《にち》に8千個《せんこ》ものドングリを食《た》べることになる！ リスたちの分《ぶん》はあるのか!?

いや、待《ま》て。リスの心配《しんぱい》をしている場合《ばあい》なのか？ 前掲書《ぜんけいしょ》によれば、トトロは「にんげんよりむかしから日本《にっぽん》にすんでいる生《い》きもの」だったはずである。

日本人《にほんじん》の祖先《そせん》が、ユーラシア大陸《たいりく》や東南《とうなん》アジアから日本《にほん》に渡《わた》ってきたのは、数万年前《すうまんねんまえ》。縄文時代《じょうもんじだい》(1万《まん》6500年《ねん》〜2800年前《ねんまえ》)より前《まえ》の旧石器時代《きゅうせっきじだい》である。当然《とうぜん》トトロの先祖《せんぞ》も、それより前《まえ》から日本《にほん》にいたのだろう。そしてわれら人間《にんげん》も、縄文時代《じょうもんじだい》まではドングリを食《た》べていた！

ということは、縄文時代《じょうもんじだい》までの数万年間《すうまんねんかん》、人間《にんげん》とトトロはドングリをめぐってキビシく対立《たいりつ》していた可能性《かのうせい》がある！ 森《もり》で見《み》つけたドングリを拾《ひろ》おうとするわれらの祖先《そせん》を襲《おそ》うのは、ヒグマ

の爪《つめ》より巨大《きょだい》で鋭《するど》いトトロの爪《つめ》。しかも、その体重《たいじゅう》は2・2t！

人間《にんげん》とトトロが、現在《げんざい》のような良好《りょうこう》な関係《かんけい》になれたのは、縄《じょう》文時代《もんじだい》の晩期《ばんき》から、稲作《いなさく》が広《ひろ》く行《おこな》われるようになってからではないだろうか。それによって、人間《にんげん》は米《こめ》、トトロはドングリと、食《く》い分《わ》けが成立《せいりつ》するようになったのだ。いやあ、よかった。

それにしても、サツキとメイがトトロと仲《なか》よくなれたことに、稲作《いなさく》の普及《ふきゅう》が関与《かんよ》している可能《かのう》性《せい》があるとは、筆者《ひっしゃ》にとっても意外《いがい》な発見《はっけん》でした。

とっても気《き》になる映画《えいが》の疑問《ぎもん》

小説《しょうせつ》や映画《えいが》で何度《なんど》も描《えが》かれてきた透明人間《とうめいにんげん》。どうすれば実現《じつげん》できますか？

「透明人間《とうめいにんげん》」は、昔《むかし》から小説《しょうせつ》や映画《えいが》で繰《く》り返《かえ》し描《えが》かれてきた題材《だいざい》だ。たとえば、「SF《エスエフ》の父《ちち》」H・G・ウェルズは、1897年《ねん》に『透明人間《とうめいにんげん》』という小説《しょうせつ》を発表《はっぴょう》している。日本《にほん》の映画界《えいがかい》では1949年《ねん》に大映《だいえい》が『透明人間現《とうめいにんげんあら》わる』を、54年《ねん》には東宝《とうほう》が『透明人間《とうめいにんげん》』を製作《せいさく》した。筆者《ひっしゃ》が高校《こうこう》の頃《ころ》には、人気絶頂《にんきぜっちょう》のピンク・レディーが『透明人間《とうめいにんげん》』を歌《うた》っていたものである。100年以上《ねんいじょう》にわたって広《ひろ》く活躍《かつやく》してきたのが透明人間《とうめいにんげん》であり、ぜひともご尊顔《そんがん》を拝《はい》したく……あ。無理《むり》か。

確《たし》かに、透明人間《とうめいにんげん》は胸躍《むねおど》る存在《そんざい》である。誰《だれ》にも気《き》づかれずに行動《こうどう》できれば、実《じつ》にスリリングだろう。しかし、生物《せいぶつ》が透明《とうめい》になることなどできるのだろうか？　タイムマシンでさえ理論的《りろんてき》な可《か》

能性《のうせい》を示《しめ》す科学者《かがくしゃ》もいるが、体《からだ》を透明《とうめい》にする研究《けんきゅう》など聞《き》いたこともない。

人間《にんげん》の透明化《とうめいか》を阻《はば》む壁《かべ》とは何《なん》なのか？　本稿《ほんこう》では、透明人間《とうめいにんげん》を科学的《かがくてき》に考《かんが》えてみよう。

◆体《からだ》を透明《とうめい》にできるか？

実《じつ》は、われわれの体《からだ》にもすでに透明《とうめい》な部分《ぶぶん》がある。目《め》の角膜《かくまく》とレンズだ。生物《せいぶつ》の体《からだ》はタンパク質《しつ》でできており、タンパク質《しつ》には数《かぞ》え切《き》れないほどの種類《しゅるい》がある。角膜《かくまく》はコラーゲン、レンズはクリスタリンという透明《とうめい》なタンパク質《しつ》でできている。もし体中《からだじゅう》をこうしたタンパク質《しつ》に置《お》き換《か》えられれば、全身《ぜんしん》を透明《とうめい》にすることも不可能《ふかのう》ではないことになる。グラスフィッシュという魚《さかな》やクリオネという貝《かい》の仲間《なかま》など、筋肉《きんにく》まで透明《とうめい》なのだから。

だが、人間《にんげん》の体《からだ》で決《けっ》して透明《とうめい》にしてはいけない部分《ぶぶん》がある。それは血液《けつえき》だ。

血液《けつえき》が赤《あか》いのは、赤血球《せっけっきゅう》のなかのヘモグロビンというタンパク質《しつ》に、鉄《てつ》が含《ふく》まれているため。ヘモグロビンは、もともとは黒《くろ》ずんだ赤色《あかいろ》だが、鉄《てつ》が酸素《さんそ》と結《むす》びつくと、鮮《あざ》やかな赤《あか》になる。これによって、酸素《さんそ》を全身《ぜんしん》に運《はこ》ぶことができる。

したがって、人間《にんげん》の血液《けつえき》を透明《とうめい》にするには、ヘモグロビンから鉄《てつ》を除去《じょきょ》しなければならない。もちろん、そんなことをすると酸素《さんそ》を運《はこ》べなくなり、たちまち窒息死《ちっそくし》してしまう。命《いのち》が惜《お》しかったら、血液《けつえき》だけは赤《あか》いままにしておかねばならない。

すると、科学的《かがくてき》に正《ただ》しい透明人間《とうめいにんげん》は、血管《けっかん》だけが浮《う》かび上《あ》がって見《み》えることになる。いきなり空中《くうちゅう》に、鮮《あざ》やかな赤《あか》の大動脈《だいどうみゃく》と黒《くろ》ずんだ赤《あか》の大静脈《だいじょうみゃく》が上下《じょうげ》に走《はし》り、枝分《えだわ》かれした細《ほそ》い血管《けっかん》が、脳《のう》、肺《はい》、肝臓《かんぞう》、小腸《しょうちょう》、腎臓《じんぞう》のあたりで赤《あか》い塊《かたまり》を形成《けいせい》する。中央部《ちゅうおうぶ》で脈《みゃく》打つ真《ま》っ赤《か》なボールは心臓《しんぞう》だ。

これはもう目立《めだ》って目立《めだ》ってしょうがない。いったい何《なん》のために透明人間《とうめいにんげん》になったんだか。

◆ガラスのコップはなぜ見《み》える？

では、医療技術《いりょうぎじゅつ》の大革新《だいかくしん》が起《お》こり、生命維持《せいめいいじ》に問題《もんだい》のないまま、全身《ぜんしん》のあらゆる部位《ぶい》を透明《とうめい》にできたとしよう。そのとき、体《からだ》は見《み》えなくなるのだろうか。

残念《ざんねん》ながら、それも無理《むり》と言《い》わねばならない。なぜなら、ガラスのコップは透明《とうめい》だが、われわれは手《て》に取《と》ることができる。「透明《とうめい》であること」と「見《み》えないこと」は、別《べつ》のことなのだ。

透明《とうめい》なものが人間《にんげん》の目《め》に見《み》えるのは、光《ひかり》の屈折《くっせつ》のためである。屈折《くっせつ》とは、水《みず》と空気《くうき》など異《こと》なる物質《ぶっしつ》の境界面《きょうかいめん》で光《ひかり》が折《お》れ曲《ま》がる現象《げんしょう》だ。入浴中《にゅうよくちゅう》、お湯《ゆ》の中《なか》に手《て》を入《い》れ、水面《すいめん》ギリギリに持《も》ってくると、手《て》が小《ち》さくなったように見《み》える。これも屈折《くっせつ》のために起《お》こる現象《げんしょう》だ。

体《からだ》がいくら透明《とうめい》でも、屈折《くっせつ》が起《お》こると、向《む》こうの景色《けしき》が歪《ゆが》んでしまう。また、屈折《くっせつ》が起《お》こるときは反射《はんしゃ》も起《お》きるので、体《からだ》の周辺部《しゅうへんぶ》が光《ひか》って見《み》える。つまり、体《からだ》を透明《とうめい》にしただけでは、透明人《とうめいにん》間《げん》として活躍《かつやく》することはできないのである。

ならば、さらなる大革新《だいかくしん》によって、生命維持《せいめいいじ》に支障《ししょう》のないまま、透明《とうめい》で、屈折《くっせつ》も起《お》こらない物《ぶっ》質《しつ》で、体《からだ》を作《つく》れるようになったとしよう。これならどうだ⁉

それでも、消《き》えるのは容易《ようい》ではない。この方法《ほうほう》で透明《とうめい》になると、誰《だれ》あろう本人《ほんにん》がいちばん困《こま》る。人間《にんげん》の目《め》には、レンズと網膜《もうまく》がある。瞳《ひとみ》から入《はい》った光《ひかり》がレンズで屈折《くっせつ》し、網膜《もうまく》に像《ぞう》が結《むす》ばれることによって、ものが見《み》える。屈折《くっせつ》が起《お》こらなかったら像《ぞう》は結《むす》ばれないし、網膜《もうまく》が透明《とうめい》だったら光《ひかり》が網膜《もうまく》を通《とお》り抜《ぬ》けてしまう。つまり自分《じぶん》が消《き》えた瞬間《しゅんかん》、自分《じぶん》も周《まわ》りが見《み》えなくなる！

ものを見《み》る能力《のうりょく》を残《のこ》そうと思《おも》ったら、レンズだけは屈折《くっせつ》する物質《ぶっしつ》で作《つく》り、網膜《もうまく》は不透明《ふとうめい》にしておかなければならない。すると本人《ほんにん》は姿《すがた》を消《け》したつもりでも、キラキラ光《ひか》るレンズと不透明《ふとうめい》な網《もう》膜《まく》が、ちょうど目《め》の高《たか》さに浮遊《ふゆう》することになる。怪《あや》しい！　やっぱり逆《ぎゃく》に人目《ひとめ》を引《ひ》いてしまう。

◆誰《だれ》も見《み》ていないところで消《き》えよう

う～ん、透明化《とうめいか》にこだわっていたのでは、いつまで経《た》っても透明人間《とうめいにんげん》にはなれない。本来《ほんらい》の目《もく》的《てき》は姿《すがた》を消《け》すことだったはずだ。これに目標《もくひょう》を絞《しぼ》ろう。

消《き》えるためには、自分《じぶん》がそこにいないように見《み》えればいいわけだ。最近《さいきん》テレビなどで「光学迷彩《こうがくめいさい》」が紹介《しょうかい》されている。これは、見《み》えなくしたい物体《ぶったい》の向《む》こう側《がわ》をカメラで撮影《さつえい》し、物体《ぶったい》に被《かぶ》せたスクリーンに、その光景《こうけい》をプロジェクタ(映写機《えいしゃき》のように離《はな》れた位置《いち》から映像《えいぞう》を映《うつ》す装置《そうち》)で映《うつ》す技術《ぎじゅつ》だ。向《む》こう側《がわ》の景色《けしき》が見《み》えるのだから、まるで物体《ぶったい》は存在《そんざい》しないように感《かん》じられる。

ただし、これをそのまま透明人間《とうめいにんげん》に応用《おうよう》すると、カメラとプロジェクタが怪《あや》しまれそうだ。ならば、体《からだ》にぴったりフィットするスーツに、超小型《ちょうこがた》のカメラとディスプレイ(テレビのように自分《じぶん》自身《じしん》に映像《えいぞう》を映《うつ》す装置《そうち》)をモザイクのように貼《は》りつけてはどうだろう。そして、背中《せなか》のカメラで捉《とら》えた映像《えいぞう》を、腹側《はらがわ》のディスプレイに映《うつ》すのだ。すると、向《む》こう側《がわ》の景色《けしき》がそっくりそのまま見《み》えるのだから、そこには何《なに》もないように見《み》えるはずである。これはイケるかも!

と思《おも》ったが、このアイデアにも、2つの弱点《じゃくてん》がある。

1つは、人間《にんげん》の体《からだ》に厚《あつ》みがある点《てん》だ。地面《じめん》に寝《ね》たり壁《かべ》に近《ちか》づいたりすると、それらの映像《えいぞう》が体《からだ》の曲面《きょくめん》に沿《そ》って映《うつ》し出《だ》される。つまり、地面《じめん》や壁《かべ》が盛《も》り上《あ》がって見《み》える。キョーレツに怪《あや》しい!

もう1つは、遠近感《えんきんかん》の問題《もんだい》である。遠《とお》くのものは小《ちい》さく見《み》え、近《ちか》くのものは大《おお》きく見《み》えるのだから、自分《じぶん》を見《み》ている人《ひと》がどれくらいの距離《きょり》にいるのかに応《おう》じて、映《うつ》し出《だ》す映像《えいぞう》の大《おお》きさを調節《ちょうせつ》する必要《ひつよう》がある。つまり、消《き》えるたびに他人《たにん》の目《め》を気《き》にしなきゃならん。せっかく透明人間《とうめいにんげん》にな

つたのに、これでは本末転倒《ほんまつてんとう》だ。違《ちが》う距離《きょり》に2人《ふたり》以上《いじょう》の人《ひと》が立《た》っていたら、もうパニックである。どっちの目《め》を優先《ゆうせん》すればいいのか。あちらを立《た》てれば、こちらが立《た》たず。板挟《いたばさ》みの苦《くる》しみを味《あじ》わうだろう。

つまり透明人間《とうめいにんげん》が活躍《かつやく》できるのは、人目《ひとめ》の少《すく》ない深夜《しんや》か、人《じん》口密度《こうみつど》の低《ひく》い砂漠《さばく》などに限《かぎ》られる。そのとき透明人間《とうめいにんげん》はつぶやくのだろう。

「ああ、誰《だれ》も見《み》ていない。これで安心《あんしん》して消《き》えられる」。

とっても気《き》になるアニメの疑問《ぎもん》

巨大《きょだい》ロボ・マジンガーZに乗《の》って操縦《そうじゅう》する兜甲児《かぶとこうじ》。乗《の》り物《もの》酔《よ》いしませんか？

ガンダムやエヴァンゲリオンなど、アニメに登場《とうじょう》するロボットの多《おお》くは、人間《にんげん》が乗《の》って操縦《そうじゅう》する「搭乗型《とうじょうがた》ロボット」だ。操縦者《そうじゅうしゃ》たちは、人間《にんげん》よりはるかに大《おお》きなロボットに乗《の》り込《こ》み、やはり巨大《きょだい》な敵《てき》のロボットや怪獣《かいじゅう》と格闘《かくとう》する。

その元祖《がんそ》は、なんといってもマジンガーZ。これは、超合金《ちょうごうきん》Zという特殊金属《とくしゅきんぞく》で作《つく》られたロボットで、身長《しんちょう》は18m、体重《たいじゅう》は20t。主人公《しゅじんこう》・兜甲児《かぶとこうじ》がホバーパイルダー(垂直離着陸《すいちょくりちゃくりく》マシン)に乗《の》って、マジンガーZの上空《じょうくう》まで飛《と》び、「パイルダー・オン！」と叫《さけ》んで頭部《とうぶ》に合体《がったい》する！

いま考《かんが》えれば、ちょっとムダの多《おお》い搭乗方法《とうじょうほうほう》という気《き》もするが、これが実《じつ》にカッコよかった。

『マジンガーZ』の放送《ほうそう》が始《はじ》まると、当時《とうじ》小学《しょうがく》5年生《ねんせい》だった筆者《ひっしゃ》は正座《せいざ》して見《み》ていたものだ。マジンガーZと、これを建造《けんぞう》した兜十蔵博士《かぶとじゅうぞうはかせ》にモーレツに憧《あこが》れていたのである。

それゆえに、複雑《ふくざつ》な気持《きも》ちだ。人間《にんげん》がロボットに乗《の》り込《こ》んで戦《たたか》うのはまことにカッコいいが、あまりに危険《きけん》な行為《こうい》でもある。人間《にんげん》が出向《でむ》いては危険《きけん》だからロボットに任《まか》せようという、レスキューロボットや探査《たんさ》ロボットの開発《かいはつ》における発想《はっそう》が、そこには一切《いっさい》ない。ああ、悩《なや》ましい。筆者《ひっしゃ》は兜甲児《かぶとこうじ》に「雄々《おお》しく戦《たたか》え」と声援《せいえん》を送《おく》ればよいのか、「危険《きけん》だからやめろ」と諌《いさ》めればいいのか？

本稿《ほんこう》では、実際《じっさい》に巨大《きょだい》ロボットに人間《にんげん》が乗《の》り込《こ》んだら、どういう目《め》に遭《あ》うのかを考《かんが》えてみよう。題材《だいざい》は、もちろん搭乗型《とうじょうがた》ロボットの元祖《がんそ》・マジンガーZである。

◆間違《まちが》いなく乗《の》り物酔《ものよ》いする！

マジンガーZの性能《せいのう》は細《こま》かく設定《せってい》されているから、乗《の》り込《こ》んだ兜甲児《かぶとこうじ》がどうなるのかも、数字《すうじ》を使《つか》ってシミュレーションできる。まずは、普通《ふつう》に歩《ある》くときの様子《ようす》を見《み》てみよう。

このロボットは、歩幅《ほはば》6・8m、時速《じそく》50㎞で歩《ある》くという。歩《ある》くにしては速《はや》く思《おも》えるが、これはマジンガーZが人間《にんげん》の10倍《ばい》も大《おお》きいためだ。成人《せいじん》が普通《ふつう》に歩《ある》く速度《そくど》は時速《じそく》4㎞だから、設計《せっけい》した兜十蔵博士《かぶとじゅうぞうはかせ》は、身長《しんちょう》に比例《ひれい》する速《はや》さで歩《ある》くようにしたのだろう。

それでも、かなりの速足《はやあし》である。時速《じそく》50㎞とは秒速《びょうそく》14ｍなので、歩幅《ほはば》が６・８ｍなら、１秒《びょう》におよそ2歩《ほ》のペースで歩《ある》くことになる。

こんな歩《ある》き方《かた》をしたら、頭《あたま》が大《おお》きく揺《ゆ》れるのではないだろうか。実際《じっさい》にアニメの画面《がめん》で測定《そくてい》すると、マジンガーZが歩《ある》くとき、頭部《とうぶ》は25㎝ほどの間隔《かんかく》で上下運動《じょうげうんどう》している。これはすなわち、頭部《とうぶ》の操縦席《そうじゅうせき》に乗《の》った兜甲児《かぶとこうじ》も、１秒《びょう》に２回《かい》というハイペースで、上下《じょうげ》に25㎝も揺《ゆ》さぶられるということだ。車酔《くるまよ》い、いやロボット酔《よ》いは必至《ひっし》である。

走《はし》るのは、もっとツラい。マジンガーZの走行速度《そうこうそくど》は時速《じそく》３６０㎞。これも人間《にんげん》のほぼ10倍《ばい》だが、新幹線《しんかんせん》より速《はや》い。アニメの画面《がめん》で計《はか》ると、マジンガーZは１歩《ぽ》を平均《へいきん》０・２４秒《びょう》で走《はし》っている。１秒《びょう》あたりの歩数《ほすう》を計算《けいさん》すると４・２歩《ほ》。甲児《こうじ》は１秒間《びょうかん》に４・２回《かい》も揺《ゆ》さぶられるわけだ。

では、その揺《ゆ》れ幅《はば》は？　アニメを観察《かんさつ》すると、ややっ、意外《いがい》にも頭《あたま》が動《うご》く方向《ほうこう》は、上下《じょうげ》ではなく左右《さゆう》だ。念《ねん》のためオリンピックの１００ｍ走《そう》の動画《どうが》を確認《かくにん》すると、確《たし》かにスタート直後《ちょくご》、選手《せんしゅ》たちの頭《あたま》は左右《さゆう》に動《うご》いている。おお、わが『マジンガーZ』の描写《びょうしゃ》はリアルだったのだなあ。

感動《かんどう》している場合《ばあい》ではない。マジンガーZの頭部《とうぶ》の動《うご》きを測定《そくてい》すると、左右《さゆう》に60㎝ほど動《うご》いている。これはもう、ムチャクチャ大変《たいへん》だろう。兜甲児《かぶとこうじ》は、左右《さゆう》に60㎝の幅《はば》で１秒《びょう》に４・２回《かい》も揺《ゆ》れる新幹線《しんかんせん》に乗《の》っているようなものなのだ！　乗《の》り物《もの》酔《よ》いどころの騒《さわ》ぎではない。甲児《こうじ》の体重《たいじゅう》を

65kgとするなら、折《お》り返《かえ》す瞬間《しゅんかん》、全身《ぜんしん》に1・4tの力《ちから》がかかる。これを毎秒《まいびょう》4・2回《かい》も繰《く》り返《かえ》されたら、全身《ぜんしん》が複雑骨折《ふくざつこっせつ》するのではないか!?

◆飛《と》んだり、跳《は》ねたり、ぶつかったり

さらに、マジンガーZには20mのジャンプ力《りょく》がある。18mの身長《しんちょう》より高《たか》く跳《と》ぶわけで、まことに躍動感《やくどうかん》あふれるが、乗《の》っている甲児《こうじ》も同《おな》じ動《うご》きをしていることを忘《わす》れてはいけない。

着地《ちゃくち》の瞬間《しゅんかん》、甲児《こうじ》は20mの高《たか》さから落《お》ちたのと同《おな》じ衝撃《しょうげき》を受《う》ける。彼《かれ》は操縦席《そうじゅうせき》に座《すわ》って乗《の》っているが、人間《にんげん》というものは、椅子《いす》に座《すわ》ったまま20mの高《たか》さから落《お》とされても大丈夫《だいじょうぶ》なのか？　兜《かぶと》博士《はかせ》はちゃんと事前《じぜん》に実験《じっけん》したのか？　着地速度《ちゃくちそくど》は、時速《じそく》71kmにもなるのだが……。

着地《ちゃくち》の際《さい》にマジンガーZが膝《ひざ》を柔《やわ》らかく曲《ま》げてくれれば、衝撃《しょうげき》は和《やわ》らげられる。しかしアニメの描写《びょうしゃ》を見《み》る限《かぎ》り、この搭乗型《とうじょうがた》ロボットはそんなに優《やさ》しくない。膝《ひざ》をまったく曲《ま》げず、ズン！と着地《ちゃくち》している。すると、着地《ちゃくち》の衝撃《しょうげき》を和《やわ》らげてくれるのは、マジンガーZの膝《ひざ》や足首《あしくび》についたサスペンションだけ。着地《ちゃくち》の際《さい》にマジンガーZが1mも2mも縮《ちぢ》んでいる様子《ようす》はないので、仮《かり》に20cm縮《ちぢ》んだとすると、甲児《こうじ》が受《う》ける衝撃力《しょうげきりょく》は6・5t。お～い、甲児《こうじ》、ちゃんと生《い》きてるか～!?

だいぶ不安《ふあん》になってきたが、このうえ戦《たたか》うのだから、命《いのち》の保証《ほしょう》はまったくできない。

戦《たたか》いのなかで、敵《てき》の攻撃《こうげき》を受《う》けて、マジンガーZが倒《たお》れることもある。身長《しんちょう》18mとなると、まっすぐ立《た》った状態《じょうたい》から後方《こうほう》へ倒《たお》れただけで、マジンガーZの後頭部《こうとうぶ》は時速《じそく》83㎞で地面《じめん》にぶつかる。甲児《こうじ》もその速度《そくど》でコクピットの壁《かべ》に叩《たた》きつけられるわけだ。

さらに無謀《むぼう》なことに、自《みずか》ら全力疾走《ぜんりょくしっそう》して敵《てき》に体当《たいあ》たりすることもあった。アニメで見《み》る限《かぎ》り、マジンガーZのコクピットにはシートベルトが装備《そうび》されていない！　それで体当《たいあ》たりなどすると、甲児《こうじ》は時速《じそく》360㎞で投《な》げ出《だ》され、窓《まど》をぶち割《わ》ってそのまま飛《と》んでいく。落下点《らっかてん》は180m彼方《かなた》、地面《じめん》に激突《げきとつ》する速度《そくど》は、高度《こうど》18mからの落下《らっか》のエネルギーが加《くわ》わって、時速《じそく》370㎞！

すべてが終《お》わった後《あと》、地球《ちきゅう》の平和《へいわ》のために戦《たたか》った若者《わかもの》は、静《しず》かに大地《だいち》に倒《たお》れているだろう……。

◆操縦者《そうじゅうしゃ》の安全《あんぜん》のために

うーむ。マジンガーZの操縦《そうじゅう》は、想像以上《そうぞういじょう》に危険《きけん》である。しかし、これでは世界平和《せかいへいわ》のためにこのロボットを作《つく》った兜博士《かぶとはかせ》も気《き》の毒《どく》だし、命《いのち》をかけて戦《たたか》った甲児《こうじ》もカワイソウだ。甲児《こうじ》と地球《ちきゅう》の平和《へいわ》のためにも、安全対策《あんぜんたいさく》を考《かんが》えてみよう。

衝撃《しょうげき》を和《やわ》らげるためのポイントは、衝撃《しょうげき》を受《う》ける時間《じかん》を長《なが》くすることだ。衝突《しょうとつ》の瞬間《しゅんかん》が0・01秒《びょう》なら、1秒《びょう》かけて衝撃《しょうげき》を吸収《きゅうしゅう》する装置《そうち》をつければ、衝撃《しょうげき》は100分《ぶん》の1で済《す》む。

最《もっと》も簡単《かんたん》なのはシートベルトだ。これは、体《からだ》が車《くるま》から飛《と》び出《だ》さないようにするとともに、伸《の》びることによって、衝撃《しょうげき》を受《う》ける時間《じかん》を長《なが》くする効果《こうか》もある。だが、時速《じそく》360㎞で敵《てき》に体当《たいあ》たりするとき、シートベルトが1m伸《の》びたとしても、甲児《こうじ》が受《う》ける衝撃《しょうげき》は33t。やはり、命《いのち》はない!

エアバッグを併用《へいよう》すれば安全《あんぜん》性《せい》は高《たか》まるが、繰《く》り返《かえ》し敵《てき》とぶつかるマジンガーZには向《む》かない。一度《いちど》ぶつかるたびに、あっちからぶしゅー、こっちからぶしゅーでは、コクピットの中《なか》がエアバッグで埋《う》まり、身動《みうご》きがとれなくなってしまう。ダメだ、現実《げんじつ》にあるものの応用《おうよう》ではとても間《ま》に合《あ》わない。では、操縦席《そうじゅうせき》を液体《えきたい》で満《み》たしてはどうだろうか。兜甲児《かぶとこうじ》は酸素《さんそ》ボンベを着《つ》けて液体《えきたい》に潜《もぐ》ったまま、マジンガーZを操縦《そうじゅう》するのだ。これなら、マジンガーZが敵《てき》にぶつかっても、甲児《こうじ》は液体中《えきたいちゅう》をスーッと進《すす》むことによって、衝撃《しょうげき》を受《う》ける時間《じかん》を長《なが》くすることができる。

ただし、かなり大《おお》きな水槽《すいそう》が必要《ひつよう》だ。人間《にんげん》は体重《たいじゅう》の10倍以上《ばいいじょう》の力《ちから》を受《う》けると失神《しっしん》する。時速《じそく》360㎞でぶつかったとき、体《からだ》に受《う》ける衝撃《しょうげき》をそれ以下《いか》に留《とど》めるには、甲児《こうじ》は液体中《えきたいちゅう》を50m進《すす》まなければならない。彼《かれ》が操縦席《そうじゅうせき》の中央《ちゅうおう》にいるとしたら、必要《ひつよう》な操縦席《そうじゅうせき》のサイズは直径《ちょっけい》100m。すなわち、マジンガーZの頭《あたま》も直径《ちょっけい》100m。カッコ悪《わる》いのはもちろん、身長《しんちょう》18mのロボットにこんな頭《あたま》がついていたら、自分《じぶん》の頭《あたま》が邪魔《じゃま》になって戦《たたか》えたものではない……。

考《かんが》えれば考《かんが》えるほど、巨大《きょだい》ロボットに乗《の》り込《こ》んで戦《たたか》うのは難《むずか》しそうだ。しかし筆者《ひっしゃ》は、マジンガーZを初《はじ》めて見《み》たときの感動《かんどう》が忘《わす》れられない。マジンガーZを建造《けんぞう》した兜博士《かぶとはかせ》をいまでも尊敬《そんけい》しているし、乗《の》り込《こ》んで戦《たたか》った兜甲児《かぶとこうじ》に憧《あこが》れている。いつかは自分《じぶん》も巨大《きょだい》なロボットを操縦《そうじゅう》してみたいと思《おも》う。だが、その夢《ゆめ》が叶《かな》った暁《あかつき》には、ワタクシの人生《じんせい》は終《お》わってしまう……。ああ、空想《くうそう》と科学《かがく》のあいだで、ココロが揺《ゆ》れ続《つづ》ける。

とっても気《き》になるアニメの疑問《ぎもん》

『ドラえもん』のジャイアンはものすごく音痴《おんち》で、歌《うた》うと窓《まど》ガラスが割《わ》れるそうです。実際《じっさい》にあり得《え》ることですか？

『ドラえもん』の世界《せかい》で、人々《ひとびと》が最《もっと》も恐《おそ》れているのは、ジャイアンのリサイタルだ。猛烈《もうれつ》な音痴《おんち》なのに、本人《ほんにん》は歌《うた》がうまいと思《おも》っているから、手《て》の施《ほどこ》しようがない。無理《むり》やり聞《き》かされた友人《ゆうじん》たちは「寒気《さむけ》がする」「吐《は》き気《け》がする」「脳《のう》がむずむずする」などともがき苦《くる》しみ、家《いえ》の中《なか》で歌《うた》えば、窓《まど》ガラスは割《わ》れ、壁《かべ》にひびが走《はし》り、ゴキブリは昏倒《こんとう》、ネズミは逃《に》げ出《だ》す。テレビ番組《ばんぐみ》で歌《うた》ったときには、全国《ぜんこく》のテレビが故障《こしょう》し、大勢《おおぜい》の人《ひと》が倒《たお》れて救急車《きゅうきゅうしゃ》がてんてこ舞《ま》い……という甚大《じんだい》な被害《ひがい》が出《で》た。人間《にんげん》の歌《うた》が引《ひ》き起《お》こしたとは思《おも》えない惨事《さんじ》である。

歌《うた》がヘタだと、ここまで大変《たいへん》なことになってしまうのだろうか？

◆ガラスが音痴《おんち》と判断《はんだん》している？

ジャイアンの歌《うた》が引《ひ》き起《お》こすさまざまな災厄《さいやく》のなかで、ここでは「歌《うた》がヘタすぎて、窓《まど》ガラスが割《わ》れる」という問題《もんだい》について考《かんが》えよう。この現象《げんしょう》は『ドラえもん』に限《かぎ》らず、多《おお》くのマンガやアニメでも繰《く》り返《かえ》し描《えが》かれてきた。

結論《けつろん》を先《さき》に言《い》うと、これは科学的《かがくてき》にはきわめて不可解《ふかかい》だ。「声《こえ》がデカイから割《わ》れる」のなら、話《はなし》はわかる。ジェット機《き》の爆音《ばくおん》で、窓《まど》ガラスが割《わ》れることも実際《じっさい》にあるのだから。だが、ジャイアンの場合《ばあい》は「音痴《おんち》だから割《わ》れる」のである。こうなると話《はなし》はややこしい。

何《なに》がややこしいかというと、歌《うた》のうまさは物理的《ぶつりてき》に測定《そくてい》できるものではないからだ。にもかかわらずヘタな歌《うた》を聞《き》かせると割《わ》れるということは、ジャイアンやのび太《た》が住《す》む町《まち》の窓《まど》ガラスは、音楽的感性《おんがくてきかんせい》を持《も》っていて、聞《き》こえてくる歌《うた》がうまいかヘタかを判断《はんだん》できる、ということではないか。のど自慢《じまん》の審査員《しんさいん》さえも務《つと》まりそうなガラスであるが、窓《まど》ガラスとして生《い》きていく限《かぎ》り、その能力《のうりょく》が脚光《きゃっこう》を浴《あ》びる日《ひ》は永遠《えいえん》に来《こ》ないでしょうなあ。

そもそも音痴《おんち》とは何《なん》なのか？　筆者《ひっしゃ》が思《おも》うに、音痴《おんち》な人《ひと》の歌《うた》とは、大《おお》きく2種類《しゅるい》に分《わ》かれるのではないだろうか。

一《ひと》つは、音程《おんてい》やリズムの狂《くる》いが甚《はなは》だしいタイプ。この場合《ばあい》、音程《おんてい》の変化《へんか》は一応《いちおう》あるので、聞いている人《ひと》にも何《なん》の曲《きょく》を歌《うた》おうとしているかはわかる。それだけに、つい次《つぎ》のフレーズを期待《きたい》して待《ま》っていると、そこに素《す》っ頓狂《とんきょう》な音曲《おんぎょく》が響《ひび》きわたる！

もう一《ひと》つは逆《ぎゃく》に、音程《おんてい》の変化《へんか》が極端《きょくたん》に乏《とぼ》しいタイプ。こういう人《ひと》が歌《うた》うと、ＳＭＡＰ《スマップ》の「世界《せかい》に一《ひと》つだけの花《はな》」も、北島三郎《きたじまさぶろう》の「与作《よさく》」もほとんど同《おな》じ曲調《きょくちょう》となり、まるでお経《きょう》のような唸《うな》り声《ごえ》が永遠《えいえん》とも思《おも》えるほど続《つづ》く……。

では、ジャイアンはどちらのタイプなのだろうか。アニメのなかでジャイアンが「オレはジャイアン♪」と歌《うた》うとき、それは調子外《ちょうしはず》れという以前《いぜん》に、ただの怒鳴《どな》り声《ごえ》である。マンガに至《いた》っては、彼《かれ》の歌《うた》は「ホゲ〜」や「ボエ〜」と表現《ひょうげん》されていた。ここから判断《はんだん》するに、おそらく後者《こうしゃ》の音程《おんてい》が変化《へんか》しないタイプ。すると……おおっ、窓《まど》ガラスが割《わ》れることも充分《じゅうぶん》にあり得《え》る！

それは、「共振《きょうしん》」という原理《げんり》による。共振《きょうしん》は「共鳴《きょうめい》」とも呼《よ》ばれ、振動《しんどう》のエネルギーが物体《ぶったい》に溜《た》まっていく現象《げんしょう》のことだ。

茶碗《ちゃわん》でも階段《かいだん》の手《て》すりでも、叩《たた》けばそれぞれ決《き》まった音《おと》を出《だ》す。物体《ぶったい》は形《かたち》やサイズや材質《ざいしつ》によって、決《き》まったペースで振動《しんどう》するからだ。その振動《しんどう》のペースを「固有振動数《こゆうしんどうすう》」という。

物体《ぶったい》に固有振動数《こゆうしんどうすう》と同《おな》じ振動《しんどう》を与《あた》え続《つづ》けると、振動《しんどう》は大《おお》きくなっていく。これが共振《きょうしん》だ。ブランコをタイミングよく漕《こ》ぐと、揺《ゆ》れがどんどん大《おお》きくなるのも、共振《きょうしん》のためである。

ジャイアンが、その抑揚《よくよう》のない唸《うな》り声《ごえ》を張《は》り上《あ》げるとき、近《ちか》くにガラスがあったらどうなるか。たとえば1辺《ぺん》50㎝の正方形《せいほうけい》の窓《まど》ガラスの場合《ばあい》、その固有振動数《こゆうしんどうすう》は1秒間《びょうかん》に3千回《ぜんかい》、すなわち3千《ぜん》ヘルツ。ジャイアンの雄叫《おたけ》びの振動数《しんどうすう》がこれと一致《いっち》してしまった場合《ばあい》、窓《まど》ガラスの振動《しんどう》はとめどなく大《おお》きくなり、ついに割《わ》れ砕《くだ》けることになる。

◆そんな才能《さいのう》があったのか！

ジャイアンの声《こえ》に3千《ぜん》ヘルツの音《おと》が含《ふく》まれているとすれば、のび太《た》やしずかちゃんが吐《は》き気《け》や頭痛《ずつう》に苦《くる》しんだのもうなずける。人間《にんげん》の耳《みみ》は、3千《ぜん》〜4千《せん》ヘルツの音《おと》に最《もっと》も敏感《びんかん》なのだ。これは、黒板《こくばん》を爪《つめ》で引《ひ》っかいたり、皿《さら》をスプーンでこすったりしたときに発生《はっせい》する、あの世《よ》にも忌《い》まわしいキィ〜ッという音《おと》の高《たか》さだ。

窓《まど》ガラスが割《わ》れるような音《おと》は、人間《にんげん》の神経《しんけい》をも逆《さか》なでするのである。こんな声《こえ》を大音量《だいおんりょう》で延々《えんえん》と聞《き》かされ続《つづ》けたら、確《たし》かにこの世《よ》の地獄《じごく》だろう。

それにしても、3千《ぜん》ヘルツとはかなりの高音《こうおん》だ。一流《いちりゅう》のテノール歌手《かしゅ》でもなかなか出《だ》せないといわれる「栄光《えいこう》のc^3（ソプラノリコーダーで出《だ》せる高《たか》いほうの『ド』より1オクターブ高《たか》い音《おと》）」より、さらに1オクターブ半《はん》も高《たか》いのだ。あのジャイアンのドラ声《こえ》が、そんなに高音《こうおん》なのだろうか？

実《じつ》は、声《こえ》や音《おと》には「倍音《ばいおん》」や「3倍音《ばいおん》」と呼《よ》ばれる振動数《しんどうすう》の高《たか》い音《おと》が含《ふく》まれる。窓《まど》ガラスが割《わ》れ、人々《ひとびと》が悶絶《もんぜつ》したからには、ジャイアンの声《こえ》には驚異的《きょういてき》な高《こう》音《おん》が混《ま》じっていたに違《ちが》いない。

ということは、ジャイアンだって練習《れんしゅう》を重《かさ》ねれば、世界三大《せかいさんだい》テノールを上回《うわまわ》る素晴《すば》らしい歌《うた》い手《て》になれるかもしれないってこと!? なんとまあ、オドロキの結論《けつろん》。窓《まど》ガラスが割《わ》れるほどの音痴《おんち》は、天才歌手《てんさいかしゅ》と紙一重《かみひとえ》なのだった。

とっても気《き》になるアニメの疑問《ぎもん》

『ONE PIECE《ワンピース》』のルフィはゴム人間《にんげん》です。その力《ちから》を活《い》かした「ゴムゴムの銃《ピストル》」は、どれほどの威力《いりょく》ですか？

日本《にほん》でいちばん売《う》れているマンガといえば、やはり『ONE PIECE《ワンピース》』だろう。コミックス83巻《かん》までの累計発行部数《るいけいはっこうぶすう》は、なんと3億万部《おくまんぶ》以上《いじょう》。これを原作《げんさく》としたアニメは1999年《ねん》から始《はじ》まって、2016年現在《ねんげんざい》も放映中《ほうえいちゅう》だ。

その主人公《しゅじんこう》は、もちろんモンキー・D・ルフィ。ある日《ひ》、彼《かれ》は「ゴムゴムの実《み》」という悪魔《あくま》の実《み》を食《た》べて、一生泳《いっしょうおよ》げなくなる代《か》わりに、全身《ぜんしん》が伸《の》び縮《ちぢ》みするゴム人間《にんげん》となった。そのため、殴《なぐ》られても蹴《け》られても効《き》かないし、銃《じゅう》の弾丸《だんがん》さえ跳《は》ね返《かえ》す。

この特異《とくい》な体質《たいしつ》を活《い》かして、ルフィはさまざまな技《わざ》を繰《く》り出《だ》しながら、仲間《なかま》たちと旅《たび》を続《つづ》けて

いく。これは科学的《かがくてき》にもたいへん興味深《きょうみぶか》い現象《げんしょう》だ。ゴム人間《にんげん》とはどういうヒトなのか。そして、体《からだ》がゴムになったら、劇中《げきちゅう》のような技《わざ》を発揮《はっき》できるのか？

◆もしもゴム人間《にんげん》になったら？

ゴムの主成分《しゅせいぶん》は水素《すいそ》と炭素《たんそ》。この2つは、生物《せいぶつ》の体《からだ》を作《つく》るタンパク質《しつ》にも含《ふく》まれている。その点《てん》で、人間《にんげん》とゴムはまるで無縁《むえん》というわけではない。

ただし、どういう仕組《しく》みで体《からだ》がゴムになったかは不明《ふめい》であり、謎《なぞ》に満《み》ちた点《てん》も多《おお》い。

たとえば、人体《じんたい》とゴムが大《おお》きく違《ちが》う点《てん》の一《ひと》つは水《みず》の含有量《がんゆうりょう》だ。人体《じんたい》には体重《たいじゅう》の3分《ぶん》の2にあたる水《みず》が含《ふく》まれるのに対《たい》して、ゴムに含《ふく》まれる水《みず》は、重《おも》さにして200分《ぶん》の1でしかない。水《みず》は弾力性《だんりょくせい》がほとんどないから、水《みず》をたっぷり含《ふく》んだゴムなどというものは存在《そんざい》しないのだ。

だが、水《みず》は生命活動《せいめいかつどう》に欠《か》かせない。生物《せいぶつ》が生《い》きているのは、体内《たいない》の水《みず》に溶《と》けた物質《ぶっしつ》がいろいろな化学反応《かがくはんのう》をするからである。すると、体内《たいない》に水《みず》がほとんどないゴム人間《にんげん》は、そもそも生《い》きていられるのか……という疑問《ぎもん》がわいてくる。

また、ルフィは骨《ほね》に空気《くうき》を吹《ふ》き込《こ》んで体《からだ》の一部《いちぶ》を巨大化《きょだいか》させる「ギア3《サード》」という技《わざ》を持《も》っている。ここから、骨《ほね》もゴムになったと考《かんが》えられるが、たとえば人間《にんげん》が荷物《にもつ》を持《も》ち上《あ》げられるのは、骨《ほね》が変形《へんけい》せずに荷物《にもつ》の重《おも》さを支《ささ》えてくれるからだ。骨《ほね》までゴム化《か》したのでは、重《おも》いものを持《も》ち上《あ》げようとしても、腕《うで》が伸《の》びたり曲《ま》がったりするばかりで、荷物《にもつ》は一向《いっこう》に持《も》ち上《あ》がらない。

などなど実《じつ》に謎《なぞ》の多《おお》いゴム人間《にんげん》だが、かつて学習塾《がくしゅうじゅく》で講師《こうし》をしていた身《み》からすると、『ONE PIECE《ワンピース》』が人気《にんき》を博《はく》しているのは実《じつ》にヨロコバしい。これほど広《ひろ》く読《よ》まれているということは、ゴムについての理解《りかい》が世《よ》の中《なか》に深《ふか》く浸透《しんとう》する可能性《かのうせい》が高《たか》いということだ。理科《りか》の授業《じゅぎょう》でもこのマンガを使《つか》ってほしいな〜。

◆どのくらい伸《の》びるゴムなのか？

さて、体《からだ》がゴムになれば、マンガやアニメのような威力《いりょく》を持《も》つゴムゴムの技《わざ》が出《だ》せるのか。それを探《さぐ》るために、アニメの劇場版《げきじょうばん》第1作《だいさく》に登場《とうじょう》した「ゴムゴムのロケット」を見《み》てみよう。

ゴエゴエの実《み》を食《た》べた海賊《かいぞく》エルドラゴは、とてつもない大声《おおごえ》でルフィを吹《ふ》き飛《と》ばす。ルフィは咄嗟《とっさ》に右手《みぎて》で岩《いわ》につかまり、腕《うで》をぐいーんと伸《の》ばして空中《くうちゅう》に踏《ふ》みとどまる。驚《おどろ》いたエルドラゴが声《こえ》を止《と》めた瞬間《しゅんかん》、ルフィの腕《うで》は縮《ちぢ》んで、エルドラゴにゴムゴムのロケットを見舞《みま》い、背後《はいご》の岩《いわ》をも打《う》ち砕《くだ》いたのだった。

劇中《げきちゅう》の「腕《うで》が元《もと》の長《なが》さに戻《もど》るまでの時間《じかん》」を計《はか》ると、2秒《びょう》だった。この時間《じかん》は、ゴムの弾力性《だんりょくせい》が強《つよ》い(伸《の》びにくい)ほど短《みじか》くなり、ゴムについたオモリ、この場合《ばあい》はルフィの体重《たいじゅう》が重《おも》いほど長《なが》くなる。腕《うで》が伸《の》びた長《なが》さは無関係《むかんけい》だ。ルフィの体重《たいじゅう》を60㎏として弾力性《だんりょくせい》を計算《けいさん》すると、1㎏の力《ちから》で引《ひ》っ張《ぱ》ったとき、26㎝長《なが》くなるという伸《の》び具合《ぐあい》である。

これは、非常《ひじょう》によく伸《の》びるゴムだ！　輪《わ》ゴムもよく伸《の》びるが、それは断面《だんめん》の一辺《いっぺん》が1㎜ほどという細《ほそ》さだからこそ。ルフィの本来《ほんらい》の腕《うで》の長《なが》さを60㎝、太《ふと》さを8㎝とすれば、輪《わ》ゴムと同《おな》じ素材《そざい》で同《おな》じサイズの棒《ぼう》を作《つく》ったら、1㎏の力《ちから》で引《ひ》っ張《ぱ》っても0・4㎜しか伸《の》びない。ルフィの体《からだ》は、現実《げんじつ》のゴムより700倍近《ばいちか》くも伸《の》びやすいということだ。

こんなに伸《の》びるゴムで体《からだ》ができていたら、いろいろ困《こま》ると思《おも》う。たとえば、2Ｌ《リットル》入《い》りのミネラルウォーターをレジ袋《ぶくろ》に入《い》れて持《も》ち歩《ある》いているとき、力《ちから》を抜《ぬ》くと腕《うで》は52㎝も伸《の》びる。袋《ふくろ》は地面《じめん》で引《ひ》きずられ、破《やぶ》れてしまうだろう。食事《しょくじ》のあとも油断《ゆだん》できない。ルフィは猛烈《もうれつ》な大食漢《たいしょくかん》で、テーブルに山盛《やまも》りのご馳走《ちそう》を平《たい》らげる。この伸《の》びやすいゴムの体《からだ》でそんなに食《た》べたら、胃《い》と腹《はら》の皮《かわ》がぐいーんと伸《の》びて、腹《はら》を引《ひ》きずりながら歩《ある》くことになるのではないかなあ。

◆ゴムゴムの銃《ピストル》の威力《いりょく》

もうひとつ、ルフィの代表的《だいひょうてき》な技《わざ》「ゴムゴムの銃《ピストル》」はどうか。

ルフィが初《はじ》めてゴムゴムの銃《ピストル》を打《う》ち込《こ》んだのは、体重《たいじゅう》２００kgはありそうな女海賊《おんなかいぞく》アルビダだった。ルフィの腕《うで》は、拳《こぶし》をアルビダの土手《どて》ッ腹《ぱら》にめり込《こ》ませたまま、ぐんぐん伸《の》びていく。やがて、アルビダは空《そら》の彼方《かなた》で点《てん》になった。ルフィの腕《うで》は、少《すく》なくとも５００ｍは伸《の》びたようだ。

実《じつ》に豪快《ごうかい》！　と思《おも》ったが、ちょっと待《ま》てよ。これはゴムの特性《とくせい》を活《い》かしたワザといえるのか？　ゴムというものは、伸《の》ばせば縮《ちぢ》もうとする。なぜルフィの腕《うで》は、ぶっ飛《と》んでいくアルビダといっしょにぐんぐん伸《の》びていくのか？　どうもこの動《うご》きは、ゴムとして不審《ふしん》である。

これは、認識《にんしき》を改《あらた》めねばなるまい。筆者《ひっしゃ》はここまで、ルフィの腕《うで》は「普段《ふだん》の状態《じょうたい》が元《もと》の長《なが》さ」だと思《おも》い込《こ》んでいた。しかし、右《みぎ》の現象《げんしょう》を説明《せつめい》するためには、ルフィの腕《うで》はもともと５００ｍの長《なが》さがあり、普段《ふだん》は力《ちから》を入《い》れて60㎝に縮《ちぢ》めている……と考《かんが》えるべきだろう。

だとしたら、ゴムゴムの銃《ピストル》は恐《おそ》るべき技《わざ》になる。ルフィの腕《うで》が前述《ぜんじゅつ》のような弾力性《だんりょくせい》を持《も》っている場合《ばあい》、長《なが》さが60㎝のときは１・９ｔの力《ちから》で伸《の》びようとする。アルビダに当《あ》たった瞬間《しゅんかん》、腕《うで》はほとんど伸《の》びていなかったから、これがアルビダに与《あた》えるパンチの衝撃力《しょうげきりょく》になる。ヘビー級《きゅう》ボクサーのパンチの衝撃力《しょうげきりょく》は６００kgといわれるから、その3倍《ばい》だ。そして腕《うで》が伸《の》びるほどスピードは上《あ》がり、５００ｍ彼方《かなた》では、アルビダを時速《じそく》７５０㎞で打《う》ち出《だ》したはず……！

ただし、本来《ほんらい》５００ｍもある腕《うで》を60㎝に縮《ちぢ》めておくために、日常的《にちじょうてき》に力《ちから》を込《こ》めていなければな

らない。必要《ひつよう》な力《ちから》は、前述《ぜんじゅつ》どおりの1・9tだ。食事中《しょくじちゅう》も1・9t、寝《ね》るときも1・9t、トイレでフン張《ば》っているときも1・9t。腕《うで》を下《した》に向《む》けたままうっかり力《ちから》を抜《ぬ》いたりしたら大《たい》変《へん》なことになる。ボンッと伸《の》びた両腕《りょううで》が地面《じめん》に当《あ》たり、腕《うで》が伸《の》びる力《ちから》でルフィの体《からだ》は上昇《じょうしょう》する。トイレの屋根《やね》をブチ破《やぶ》り、便座《べんざ》に座《すわ》った姿勢《しせい》のまま、上空《じょうくう》16㎞までスッ飛《と》ばされてしまう！

◆元《もと》の長《なが》さはどれくらい？

ここまで読《よ》んできて「あれ？

何《なに》か変《へん》では？」と思《おも》った読者《どくしゃ》がいるのではないだろうか。

最初《さいしょ》に見《み》た「ゴムゴムのロケット」は、腕《うで》が縮《ちぢ》む力《ちから》を利用《りよう》する技《わざ》だ。これが可能《かのう》なのは腕《うで》の元《もと》の長《なが》さが60㎝だからである。それに対《たい》して「ゴムゴムの銃《ピストル》」が威力《いりょく》を持《も》つのは、繰《く》り返《かえ》し述《の》べたとおり、元《もと》の長《なが》さが500mのときだ。すると、どっちなのか？　ルフィの腕《うで》のもともとの長《なが》さは500mなのか、それとも60㎝なのか。

ルフィの腕《うで》が普通《ふつう》のゴムと同《おな》じ性質《せいしつ》を持《も》っている限《かぎ》り、そのどちらかであるはずだ。ということは、本来《ほんらい》ならゴムゴムの銃《ピストル》とゴムゴムのロケット、どちらか一方《いっぽう》のワザしか繰《く》り出《だ》せないことになる。

ところが、劇中《げきちゅう》のルフィは両方《りょうほう》とも難《なん》なくこなしていた。だとしたら彼《かれ》の体《からだ》は、普通《ふつう》のゴムと同《おな》じ性質《せいしつ》になったわけではないのだろう。冒頭《ぼうとう》に記《しる》したとおり、ゴムは水素《すいそ》と炭素《たんそ》が結《むす》びついてできている。その結《むす》びつき方《かた》が決《き》まっているから元《もと》の長《なが》さや伸《の》び率《りつ》も一定《いってい》なわけだが、ここまでゴムを自由自在《じゆうじざい》に操《あやつ》れるとしたら、ルフィは炭素《たんそ》のつながり方《かた》をも自由《じゆう》に変《か》えることができるのかもしれない。それは現代科学《げんだいかがく》を根底《こんてい》から覆《くつがえ》す大事件《だいじけん》！

いやあ、一筋縄《ひとすじなわ》ではいかないが、いろいろと勉強《べんきょう》にもなるなあ、この作品《さくひん》。やっぱり全国《ぜんこく》の学《がっ》校《こう》で、理科《りか》の副読本《ふくどくほん》にしていただきたい。

とっても気《き》になる昔話《むかしばなし》の疑問《ぎもん》

かぐや姫《ひめ》は光《ひか》る竹《たけ》の中《なか》から出《で》てきました。なぜ竹《たけ》は光《ひか》っていたのですか？

かぐや姫《ひめ》が登場《とうじょう》するのは『竹取物語《たけとりものがたり》』。西暦《せいれき》９００年頃《ねんごろ》に書《か》かれた、わが国最古《くにさいこ》の物語《ものがたり》だ。竹取《たけとり》の翁《おきな》が、竹林《たけばやし》に竹《たけ》を取《と》りにいくと、根元《ねもと》が光《ひか》る竹《たけ》があった。不思議《ふしぎ》に思《おも》って切《き》ってみたら、身長三寸《しんちょうさんすん》＝９㎝ぐらいのかわいらしい女《おんな》の子《こ》がいた。翁《おきな》はその子《こ》を連《つ》れて帰《かえ》り、かぐや姫《ひめ》と名《な》づけて、大切《たいせつ》に育《そだ》てた。かぐや姫《ひめ》は３ヵ月《げつ》ほどで美《うつく》しい大人《おとな》の女性《じょせい》となり、家《いえ》の隅々《すみずみ》までを明《あか》るく照《て》らした……。

うーむ。これはすごい話《はなし》である。物語《ものがたり》の最後《さいご》で、かぐや姫《ひめ》は自分《じぶん》が「月《つき》の都《みやこ》の人《ひと》」だったことを明《あ》かし、迎《むか》えの者《もの》たちに守《まも》られて月《つき》に帰《かえ》ってしまう。『竹取物語《たけとりものがたり》』は、話《はなし》の始《はじ》まりから終《お》わり

まで、まるっきり空想科学《くうそうかがく》の物語《ものがたり》なのだ。ここから出発《しゅっぱつ》した日本《にほん》の物語《ものがたり》が、やがて『ウルトラマン』や『ドラえもん』や『宇宙戦艦《うちゅうせんかん》ヤマト』に発展《はってん》してきたのは、歴史《れきし》の必然《ひつぜん》だったのかもしれませんなあ。

勝手《かって》に文学史《ぶんがくし》の新説《しんせつ》を立《た》てている場合《ばあい》ではない。『竹取物語《たけとりものがたり》』の冒頭《ぼうとう》に話《はなし》を戻《もど》せば、かぐや姫《ひめ》が成長《せいちょう》してからも光《ひか》っていた点《てん》からみて、竹林《たけばやし》で翁《おきな》が見《み》た光《ひかり》は、かぐや姫自身《ひめじしん》が放《はな》っていたと考《かんが》えるべきだろう。それが、竹《たけ》を通《とお》して外《そと》に洩《も》れていた……ということではないだろうか。

本稿《ほんこう》では、1100年前《ねんまえ》から伝《つた》わるこのエピソードを、できる限《かぎ》り科学的《かがくてき》に考《かんが》えてみたい。

◆竹《たけ》は光《ひかり》を透《とお》すのか？

そもそも、かぐや姫《ひめ》はなぜ光《ひか》っていたのだろうか。

生物《せいぶつ》が光《ひかり》を放《はな》つことは、自然界《しぜんかい》でも珍《めずら》しくない。ホタルは、ルシフェリンという物質《ぶっしつ》で体内《たいない》のエネルギーを光《ひかり》に変《か》えている。ホタルイカやオワンクラゲも、エネルギーを光《ひかり》に変《か》える物質《ぶっしつ》を持《も》っている。月《つき》で生《う》まれたかぐや姫《ひめ》は、体《からだ》の作《つく》りもわれわれ地球人《ちきゅうじん》とは違《ちが》う可能性《かのうせい》が高《たか》い。もしこれらに近《ちか》い物質《ぶっしつ》を持《も》っていたのなら、体《からだ》が光《ひかり》を放《はな》つこともあり得《う》るだろう。

問題《もんだい》は、光《ひかり》の強《つよ》さだ。身長三寸《しんちょうさんすん》＝9cmの赤《あか》ちゃんが入《はい》っていたのだから、竹《たけ》は内側《うちがわ》の直径《ちょっけい》が10

cmはあっただろう。それほど大《おお》きな竹《たけ》になると、厚《あつ》さも5mmほどと思《おも》われる。これを透《とお》して外《そと》に洩《も》れるとは、どれほど強《つよ》い光《ひかり》なのか。

不透明《ふとうめい》な物質《ぶっしつ》も、まったく光《ひかり》を透《とお》さないわけではない。どんな物質《ぶっしつ》も、一定《いってい》の厚《あつ》さにつき一定《いってい》の割合《わりあい》で光《ひかり》を吸収《きゅうしゅう》する。透明《とうめい》な物質《ぶっしつ》は光《ひかり》の吸収量《きゅうしゅうりょう》が少《すく》なく、不透明《ふとうめい》な物質《ぶっしつ》は吸収量《きゅうしゅうりょう》が多《おお》いというだけだ。岩石《がんせき》も、薄《うす》く削《けず》れば向《む》こうが透《す》けて見《み》えるし、水《みず》もいくらか光《ひかり》を吸収《きゅうしゅう》するため、深海《しんかい》は真《ま》っ暗《くら》になる。

すると、竹《たけ》がどれほどの光《ひかり》を通過《つうか》させるかがわかれば、わが国《くに》1100年《ねん》の謎《なぞ》も解《と》けるではないか。これはぜひとも実験《じっけん》して確《たし》かめよう。

そこで、筆者《ひっしゃ》は光《ひかり》の強《つよ》さを測《はか》る「照度計《しょうどけい》」を購入《こうにゅう》した。意外《いがい》と高《たか》くて、送料別《そうりょうべつ》で1万《まん》8086円《えん》。さらに、近所《きんじょ》の文房具店《ぶんぼうぐてん》で和紙《わし》の習字半紙《しゅうじはんし》を買《か》ってきた。和紙《わし》は竹《たけ》と同《おな》じように植物繊維《しょくぶつせんい》でできているから、これを竹《たけ》の代役《だいやく》にしようというアイデアである。

まず、照度計《しょうどけい》で午後《ごご》の太陽光《たいようこう》を測定《そくてい》する。結果《けっか》は540ルクス。続《つづ》いて照度計《しょうどけい》に習字半紙《しゅうじはんし》をかぶせると260ルクス。2枚《まい》かぶせると140ルクス、3枚《まい》で70ルクス、4枚《まい》で40ルクス……。

1枚重《まいかさ》ねるごとに、光《ひかり》の強《つよ》さはおよそ半分《はんぶん》に減《へ》っていく。習字半紙《しゅうじはんし》の厚《あつ》さは0・1mmだから、竹《たけ》は厚《あつ》さ0・1mmごとに光《ひかり》の2分《ぶん》の1を吸収《きゅうしゅう》すると考《かんが》えていいだろう。

では、厚《あつ》さ5㎜の竹《たけ》は、どれほど光《ひかり》を透《とお》すのか。5㎜は0・1㎜の50倍《ばい》だから、かぐや姫《ひめ》から放《はな》たれた光《ひかり》は、2分《ぶん》の1を50回繰《かいく》り返《かえ》して、竹《たけ》の外《そと》へ出《で》てきたことになる。2分《ぶん》の1×2分《ぶん》の1×2分《ぶん》の1……を50回繰《かいく》り返《かえ》すと、なんと1100兆分《ちょうぶん》の1。

翁《おきな》が光《ひか》る竹《たけ》を発見《はっけん》したのは昼間《ひるま》だろうから(夜《よる》は竹《たけ》を取《と》りに行《い》かないよね)、ほの暗《ぐら》い竹林《たけばやし》の中《なか》で光《ひか》っていたと考《かんが》えて、ろうそく1本《ぽん》ほどの明《あか》るさだったと仮定《かてい》しよう。ろうそく1本《ぽん》の明《あか》るさは、現代《げんだい》の単位《たんい》に直《なお》すと0・02W《ワット》だ。1100兆分《ちょうぶん》の1になったときに0・02W《ワット》ということは、かぐや姫《ひめ》はその1100兆倍《ちょうばい》、オドロキの2200億kW《おくキロワット》で光《ひか》っていたことになる。これはすごい。1m離《はな》れて見《み》たとき、太陽《たいよう》の21億倍《おくばい》というまぶしさなのだ!

◆かぐや姫《ひめ》の体温《たいおん》は55万《まん》℃!

かぐや姫《ひめ》の明《あか》るさが明《あき》らかになったところで、『竹取物語《たけとりものがたり》』の冒頭《ぼうとう》を科学的《かがくてき》に見直《みなお》してみよう。

実際《じっさい》には、こういうことが起《お》きたと考《かんが》えられる。

竹取《たけとり》の翁《おきな》は竹林《たけばやし》で、0・02W《ワット》ほどの輝《かがや》きを放《はな》つ竹《たけ》を発見《はっけん》した。不思議《ふしぎ》に思《おも》って竹《たけ》を切《き》ってみたところ、その瞬間《しゅんかん》に2200億kW《おくキロワット》ものすさまじい光《ひかり》が放《はな》たれた……!

こうなると、翁《おきな》の身《み》が心配《しんぱい》である。人間《にんげん》は、強烈《きょうれつ》な光《ひかり》を浴《あ》びると、一時的《いちじてき》に視力《しりょく》を失《うしな》ったり、

失神《しっしん》したりする。それを利用《りよう》したのが閃光弾《せんこうだん》という兵器《へいき》で、強力《きょうりょく》なものは18kW《キロワット》の光《ひかり》を放《はな》つという。だが、竹取《たけとり》の翁《おきな》が浴《あ》びた光《ひかり》はそんなレベルではない。閃光弾《せんこうだん》の12億倍《おくばい》も強《つよ》い光《ひかり》なのだ。失神《しっしん》も失神《しっしん》、大失神《だいしっしん》……いや、それで済《す》むのか？

翁《おきな》の体《からだ》が心配《しんぱい》だが、科学的《かがくてき》シミュレーションを続《つづ》けよう。

２２０億《おく》kW《キロワット》の光《ひかり》が解《と》き放《はな》たれたことで、46km離《はな》れた地点《ちてん》に、真夏《まなつ》の太陽《たいよう》と同《おな》じ強《つよ》さの光《ひかり》が降《ふ》り注《そそ》ぐ。その場所《ばしょ》は太陽《たいよう》が２つになったのと同《おな》じだから、人々《ひとびと》は暑《あつ》さにのた打《う》ち回《まわ》ったに違《ちが》いない。

距離《きょり》が近《ちか》いと、もっと大変《たいへん》だ。20km地点《ちてん》では、かぐや姫《ひめ》の光《ひかり》によって、あらゆるものの温度《おんど》が250℃を超《こ》える。250℃とは、木材《もくざい》が自然《しぜん》に発火《はっか》してしまう温度《おんど》。竹林《たけばやし》が火事《かじ》になるのは確《かく》実《じつ》で、平安《へいあん》の都《みやこ》が丸焼《まるや》けになった可能性《かのうせい》もある。

周囲《しゅうい》にこれだけの高熱《こうねつ》を放《はな》つかぐや姫自身《ひめじしん》は、当然《とうぜん》ながらさらに熱《あつ》い。身長《しんちょう》9cmという小《ちい》さな体《からだ》から220億kW《おくキロワット》の光《ひかり》を放《はな》つ温度《おんど》を計算《けいさん》してみると……ええっ、55万《まん》℃!?

竹取《たけとり》の翁《おきな》はかぐや姫《ひめ》を自宅《じたく》に連《つ》れ帰《かえ》り、大切《たいせつ》に育《そだ》てたというが、科学《かがく》の立場《たちば》からは、絶対《ぜったい》にやめたほうがいいと進言《しんげん》したい。体温《たいおん》が55万《まん》℃もある赤《あか》ちゃんとは、触《ふ》れれば火傷《やけど》する、などというレベルの存在《そんざい》ではない。55万《まん》℃という高温《こうおん》には、あらゆる物質《ぶっしつ》が耐《た》えられないのだ。竹《たけ》も翁《おきな》も一瞬《いっしゅん》で燃《も》え上《あ》がり、いや蒸発《じょうはつ》して、かぐや姫《ひめ》は地面《じめん》に落下《らっか》するだろう。その地面《じめん》をもジュワジュワ蒸発《じょうはつ》させながら、かぐや姫《ひめ》は地球《ちきゅう》の中心《ちゅうしん》へ潜《もぐ》りこんでゆく……。

いやはや、恐《おそ》ろしいな、かぐや姫《ひめ》。空想科学《くうそうかがく》の原点《げんてん》ともいうべき『竹取物語《たけとりものがたり》』は、やはり並外《なみはず》れたスケールの発想《はっそう》に満《み》ち満《み》ちていたのだった。

とっても気《き》になるマンガの疑問《ぎもん》

少女《しょうじょ》マンガのキャラクターはとても目《め》が大《おお》きいですが、そんな人《ひと》が実在《じつざい》したらどうなりますか？

少女《しょうじょ》マンガに登場《とうじょう》する人《ひと》たちは、本当《ほんとう》に目《め》が大《おお》きい。いくつかの特殊《とくしゅ》な作品《さくひん》だけが巨眼《きょがん》なのではなく、ほとんどの少女《しょうじょ》マンガでそうなのだ。昔《むかし》から現在《げんざい》に至《いた》るまでそうなのだ。不思議《ふしぎ》だなあ。

では、そういう目《め》のでっかい人《ひと》が実在《じつざい》したら、いったいどういうことになるのか？　この問題《もんだい》を考《かんが》えるにあたっては、誰《だれ》か1人《ひとり》、デカ目《め》で有名《ゆうめい》なキャラクターについて検証《けんしょう》したいところである。筆者《ひっしゃ》が最《もっと》もよく知《し》っている目《め》の大《おお》きな人物《じんぶつ》といえば、フランス革命《かくめい》を舞台《ぶたい》にした不朽《ふきゅう》の名作《めいさく》『ベルサイユのばら』の王妃《おうひ》マリー・アントワネットだ。

『ベルばら』は1972年《ねん》から「週刊《しゅうかん》マーガレット」に連載《れんさい》されたマンガだ。現在《げんざい》の人気《にんき》マンガでは考《かんが》えられないことだが、連載期間《れんさいきかん》はわずか2年《ねん》だった！　にもかかわらず、その人気《にんき》は現在《げんざい》でも衰《おとろ》えを知《し》らない。２０１２年《ねん》から各地《かくち》で開催《かいさい》された原画展《げんがてん》は大盛況《だいせいきょう》だったし、13年《ねん》に発売《はつばい》された「マーガレット創刊《そうかん》50周年記念号《しゅうねんきねんごう》」は『ベルばら』の新作《しんさく》が16ページ載《の》っていたというだけで、売《う》り切《き》れ書店《しょてん》が続出《ぞくしゅつ》した。本当《ほんとう》に愛《あい》され続《つづ》けている作品《さくひん》である。

マリー・アントワネットは、実在《じつざい》した人物《じんぶつ》だ。１７５５年《ねん》、オーストリアの女帝《じょてい》マリア・テレジアの11女《じょ》として生《う》まれ、14歳《さい》でフランスの王太子《おうたいし》ルイ16世《せい》に嫁《とつ》ぎ、19歳《さい》で王妃《おうひ》となった。しかし、贅沢《ぜいたく》な暮《く》らしをしたために国民《こくみん》の反感《はんかん》を買《か》い、やがてフランス革命《かくめい》で処刑《しょけい》されてしまう。

彼女《かのじょ》は実際《じっさい》に目《め》が魅力的《みりょくてき》だったようで、『フランスの歴史《れきし》をつくった女《おんな》たち』(ギー・ブルトン著《ちょ》／田代葆訳《たしろしげるやく》／中央公論新社《ちゅうおうこうろんしんしゃ》)には、14歳《さい》のアントワネットを初《はじ》めて見《み》た秘書官《ひしょかん》が「とても素敵《すてき》な目《め》の持《も》ち主《ぬし》でございます」とフランス国王《こくおう》に報告《ほうこく》したとある。当然《とうぜん》『ベルばら』でも、その目《め》は非常《ひじょう》に美《うつく》しく、大《おお》きく描《えが》かれていた。パッと見《み》たところ、左右《さゆう》の目《め》のそれぞれが、顔《かお》の3分《ぶん》の1ほどもある！　うーむ、本当《ほんとう》にこんなに目《め》の大《おお》きい人《ひと》がいたら、どうなるのだろうか。

◆おほほ、ベルサイユ一《いち》の眼球《がんきゅう》よ！

アントワネット様《さま》の目《め》をマンガの絵《え》で測定《そくてい》すると、片方《かたほう》の目《め》の横幅《よこはば》は、顔《かお》の横幅《よこはば》の31％に及《およ》ぶ。

王妃様《おうひさま》が幅《はば》14㎝という小顔《こがお》だったとしても、目《め》の幅《はば》は4・3㎝もあったことになる。

注目《ちゅうもく》すべきは、王妃様《おうひさま》の目《め》がきれいな円形《えんけい》であること。人間《にんげん》の目《め》はアーモンド形《がた》であり、驚《おどろ》いたりすると上下《じょうげ》に広《ひろ》がって円《えん》に近《ちか》づくが、彼女《かのじょ》の目《め》は別《べつ》にびっくりしなくても丸《まる》いのだ。

しかも、幅《はば》4・3㎝というのは、まぶたで囲《かこ》まれた部分《ぶぶん》の大《おお》きさである。内部《ないぶ》の眼球《がんきゅう》がこれより大《おお》きかったことは確実《かくじつ》だ。もしそうでなければ、いざ驚《おどろ》いて目《め》を見開《みひら》いたときに目玉《めだま》が眼窩《がんか》からこぼれ落《お》ちてしまう。

眼球《がんきゅう》の直径《ちょっけい》を推定《すいてい》してみよう。ヒントとなるのは、虹彩《こうさい》(黒目《くろめ》)の大《おお》きさだ。王妃様《おうひさま》もヒトである以上《いじょう》、虹彩《こうさい》と眼球《がんきゅう》の直径《ちょっけい》の比《ひ》はわれら平民《へいみん》と大差《たいさ》ないはずである。先《さき》ほどと同《おな》じように、王妃《おうひ》様《さま》の顔《かお》の横幅《よこはば》を14㎝とすると、黒目《くろめ》の直径《ちょっけい》は3・6㎝。筆者《ひっしゃ》の黒目《くろめ》の直径《ちょっけい》は1・2㎝だから、王《おう》妃様《ひさま》の黒目《くろめ》は一般人《いっぱんじん》の3倍《ばい》も大《おお》きいことになる。当然《とうぜん》、眼球《がんきゅう》の大《おお》きさも3倍《ばい》だろう。

百科事典《ひゃっかじてん》によれば、人間《にんげん》の眼球《がんきゅう》の直径《ちょっけい》は平均《へいきん》で2・4㎝。その3倍《ばい》の眼球《がんきゅう》とは、直径《ちょっけい》7・2㎝。うひょ〜、野球《やきゅう》ボールと同《おな》じ巨大眼球《きょだいがんきゅう》にござりまする！

◆おほほ、目《め》が頭《あたま》に収《おさ》まらないわ！

これほどの巨眼《きょがん》だと、もはや生物《せいぶつ》として生《い》きていけるのか、心配《しんぱい》になってくる。

７・２㎝もの眼球《がんきゅう》をヒトの頭蓋骨《ずがいこつ》にはめ込《こ》むと、大脳《だいのう》の前頭葉《ぜんとうよう》が占《し》める位置《いち》に大《おお》きく張《は》り出《だ》す。前頭葉《ぜんとうよう》は意志《いし》や計画性《けいかくせい》や感情《かんじょう》を司《つかさど》るから、眼球《がんきゅう》が大《おお》きすぎることによって、これが圧迫《あっぱく》されるようだと大変《たいへん》だ。ひょっとして王妃様《おうひさま》の無計画《むけいかく》な贅沢《ぜいたく》は、その影響《えいきょう》……!?

目《め》の大《おお》きな動物《どうぶつ》に、バイカルアザラシがいる。体長《たいちょう》１・３ｍとアザラシとしては小《ちい》さいのに、眼球《がんきゅう》の直径《ちょっけい》が１０㎝近《ちか》くもある。透明度《とうめいど》の高《たか》いバイカル湖《こ》で餌《えさ》を探《さが》すための適応《てきおう》(環境《かんきょう》に合《あ》わせて進《しん》化《か》が進《すす》むこと)と考《かんが》えられているが、あまりに目《め》が大《おお》きく発達《はったつ》したしわ寄《よ》せで、こめかみの筋肉《きんにく》は退化《たいか》し、目《め》と目《め》の間《あいだ》の骨《ほね》は３㎜という薄《うす》さになっている。

こめかみの筋肉《きんにく》は物《もの》を噛《か》むためにある。目《め》の大《おお》きなアントワネット王妃様《おうひさま》は、噛《か》む力《ちから》が弱《よわ》いと考《かんが》えられるから、王宮《おうきゅう》の料理人《りょうりにん》たちは柔《やわ》らかいご馳走《ちそう》を出《だ》すようにしていただきたい。

そもそもこれほど大《おお》きな目《め》が、頭蓋骨《ずがいこつ》に入《はい》り切《き》れるのだろうか？　王妃様《おうひさま》の眼球《がんきゅう》の直径《ちょっけい》７・２㎝というのは、顔《かお》の幅《はば》が１４㎝という仮定《かてい》から算出《さんしゅつ》された大《おお》きさである。ところが、左右合《さゆうあ》わせると１４・４㎝となり、ああっ、顔《かお》からはみ出《だ》す！　これは顔《かお》の幅《はば》を１５㎝と仮定《かてい》しても同《おな》じだ。このときの眼球《がんきゅう》の直径《ちょっけい》は各《かく》７・７㎝、両目合《りょうめあ》わせて１５・４㎝となり、やはり顔《かお》に収《おさ》まらない。

これはもう、バイカルアザラシどころではない。王妃様《おうひさま》の場合《ばあい》、こめかみの筋肉《きんにく》はもちろん、左右《さゆう》の眼球《がんきゅう》を隔《へだ》てる骨《ほね》など入《はい》る余地《よち》がないのだ。もし２つの目玉《めだま》が頭《あたま》の奥《おく》で接触《せっしょく》していたりすれば、

目《め》を動《うご》かすたびに眼球《がんきゅう》が擦《す》れ合《あ》って、もう痛《いた》くてたまらん！

◆おほほ、宇宙《うちゅう》をご覧《らん》なさい！

これだけ目《め》が大《おお》きければ、ものを見《み》る能力《のうりょく》も高《たか》かったことだろう。直径《ちょっけい》が普通《ふつう》の人《ひと》の3倍《ばい》なら、瞳《ひとみ》の面積《めんせき》は3×3＝9倍《ばい》。目《め》に入《はい》る光《ひかり》の量《りょう》も9倍《ばい》となるから、目玉《めだま》おやじと同《おな》じようにまぶしかったと思《おも》われるが、夜《よる》は人々《ひとびと》の9倍《ばい》もよく周《まわ》りが見《み》えたと考《かん》えられる。

王妃様《おうひさま》には、ぜひ星《ほし》を見《み》ていただきたかったと思《おも》う。星《ほし》の明《あか》るさは「等級《とうきゅう》」という単位《たんい》で表《あらわ》される。織女星《しょくじょせい》ともいわれること座《ざ》のベガは0等級《とうきゅう》、牽牛星《けんぎゅうせい》とも呼《よ》ばれるわし座《ざ》のアルタイルは、それよりやや暗《くら》く0・8等級《とうきゅう》。暗《くら》い星《ほし》ほど等級《とうきゅう》は大《おお》きくなり、肉眼《にくがん》で見《み》えるのは6等級《とうきゅう》の星《ほし》までだ。しかし、普通《ふつう》の人《ひと》の9倍《ばい》もの暗視能力《あんしのうりょく》を持《も》つ王妃様《おうひさま》には、8・4等級《とうきゅう》の星《ほし》まで見《み》えたはずである。夜空《よぞら》に見《み》える6等級《とうきゅう》までの星《ほし》は8600個《こ》。8等級《とうきゅう》までの星《ほし》は6万《まん》8千個《せんこ》。王妃様《おうひさま》にとって、夜空《よぞら》はまさに宝石箱《ほうせきばこ》であったろう。

王妃様《おうひさま》が25歳《さい》だった1781年《ねん》、イギリスの天文学者《てんもんがくしゃ》ウィリアム・ハーシェルは望遠鏡《ぼうえんきょう》で天王星《てんのうせい》を発見《はっけん》した。続《つづ》く85年《ねん》、全天《ぜんてん》の星《ほし》を数《かぞ》えて銀河系《ぎんがけい》の形《かたち》を推定《すいてい》。さらに87年《ねん》、天王星《てんのうせい》の衛星《えいせい》を発見《はっけん》。またまた89年《ねん》、土星《どせい》の新《あら》たな衛星《えいせい》を発見《はっけん》……。王妃様《おうひさま》が宇宙《うちゅう》に目《め》を向《む》ければ、これらの輝《かがや》かしい業績《ぎょうせき》は、すべて彼女《かのじょ》のものになっていたかもしれない。

すると、連夜《れんや》のパーティで贅沢《ぜいたく》にふける暇《ひま》もなく、母国《ぼこく》フランスにもたらす栄誉《えいよ》のおかげで国民《こくみん》の人気《にんき》も上《あ》がり、革命《かくめい》も避《さ》けられたのではないだろうか。ああ、マリー・アントワネット様《さま》は天賦《てんぷ》の才《さい》の使《つか》い道《みち》を誤《あやま》った。おいたわしい悲劇《ひげき》の王妃《おうひ》である。

とっても気《き》になるマンガの疑問《ぎもん》

『鋼《はがね》の錬金術師《れんきんじゅつし》』でエドワードが「人体《じんたい》の材料《ざいりょう》は小遣《こづか》いでも買《か》える」と言《い》ってましたが、具体的《ぐたいてき》にはいくらですか？

『鋼《はがね》の錬金術師《れんきんじゅつし》』は、胸《むね》の熱《あつ》くなる物語《ものがたり》だ。

幼《おさな》い頃《ころ》、母親《ははおや》を亡《な》くしたエドワードとアルフォンスの兄弟《きょうだい》は、禁忌《きんき》を破《やぶ》って錬金術《れんきんじゅつ》で母親《ははおや》を生《い》き返《かえ》らせようとした。だが人体《じんたい》の錬成《れんせい》には「賢者《けんじゃ》の石《いし》」が必要《ひつよう》なことを知《し》らなかったため、失敗《しっぱい》。エドワードは右腕《みぎうで》と左脚《ひだりあし》を失《うしな》い、アルフォンスは体《からだ》のすべてを失《な》くして、かろうじてその魂《たましい》を鎧《よろい》に定着《ていちゃく》させる。1年後《ねんご》、12歳《さい》になったエドワードは国家錬金術師《こっかれんきんじゅつし》となり、元《もと》の体《からだ》を取《と》り戻《もど》すため、アルフォンスとともに賢者《けんじゃ》の石《いし》を探《さが》す旅《たび》に出《で》る。それから3年《ねん》の月日《つきひ》が流《なが》れ、物語《ものがたり》は始《はじ》まる。

人《ひと》の心《こころ》から世界観《せかいかん》まで、この作品《さくひん》を支《ささ》えるのは「錬金術《れんきんじゅつ》」である。現実世界《げんじつせかい》でも、錬金術《れんきんじゅつ》は紀《き》

元前《げんぜん》から16世紀頃《せいきごろ》まで研究《けんきゅう》されていた。さまざまな物質《ぶっしつ》を金《きん》に変《か》え、不老不死《ふろうふし》の薬《くすり》や万能薬《ばんのうやく》を作《つく》ろうとした試《こころ》みで、すべて失敗《しっぱい》に終《お》わったが、そこで積《つ》み上《あ》げられた技術《ぎじゅつ》は、科学《かがく》の発展《はってん》に大《おお》きく役立《やくだ》ったといわれる。

『鋼錬《ハガレン》』の世界《せかい》における錬金術《れんきんじゅつ》は、その範囲《はんい》にとどまらない。壊《こわ》れたラジオを復元《ふくげん》し、地面《じめん》から壁《かべ》を出現《しゅつげん》させ、列車《れっしゃ》の屋根《やね》から大砲《たいほう》を作《つく》る。国家錬金術師法《こっかれんきんじゅつしほう》で禁止《きんし》されてはいるが、金《きん》も作《つく》れるし、賢者《けんじゃ》の石《いし》があれば、人間《にんげん》の体《からだ》を錬成《れんせい》することさえも可能《かのう》だという。

そんな物語《ものがたり》の冒頭《ぼうとう》で、エドワードはオドロキの発言《はつげん》をしていた。旅《たび》の途中《とちゅう》で出会《であ》った少女《しょうじょ》が恋人《びと》を生《い》き返《かえ》らせたいと願《ねが》っていることを知《し》り、人体《じんたい》の構成成分《こうせいせいぶん》を数量《すうりょう》とともに列挙《れっきょ》して、最後《さいご》にこう言《い》ったのだ。

「市場《いちば》に行《い》けば子供《こども》の小遣《こづか》いでも全部買《ぜんぶか》えちまうぞ」

子《こ》どもの小遣《こづか》い!? 人間《にんげん》の体《からだ》は、数百円《すうひゃくえん》とか数千円分《すうせんえんぶん》の材料《ざいりょう》でできているのだろうか？

◆どんなヤツを想定《そうてい》してるのか!?

劇中《げきちゅう》、エドワードが示《しめ》した「大人《おとな》1人分《ひとりぶん》の構成成分《こうせいせいぶん》」は次《つぎ》のとおり。

水《みず》35L《リットル》、炭素《たんそ》20kg、アンモニア4L《リットル》、石灰《せっかい》1・5kg、リン800g、塩分《えんぶん》250g、硝石《しょうせき》10

０ｇ、イオウ80ｇ、フッ素《そ》７・５ｇ、鉄《てつ》５ｇ、ケイ素《そ》３ｇ、少量《しょうりょう》の15の元素《げんそ》。

確《たし》かにありふれた物質《ぶっしつ》ばかりだが、これで人間《にんげん》の体《からだ》が作《つく》れるのだろうか。『元素《げんそ》１１１の新知《しんち》識《しき》』(桜井弘《さくらいひろむ》／講談社《こうだんしゃ》)は、人体《じんたい》を構成《こうせい》する元素《げんそ》とその含有量《がんゆうりょう》を次《つぎ》のように示《しめ》している。

酸素《さんそ》65％、炭素《たんそ》18％、水素《すいそ》10％、窒素《ちっそ》３％、カルシウム１・５％、リン１％、イオウ０・２５％、カリウム０・２％、ナトリウム０・１５％、塩素《えんそ》０・１５％、マグネシウム０・１５％、鉄《てつ》０・００９％、フッ素《そ》０・００４％、ケイ素《そ》０・００３％、他《ほか》にごく微量《びりょう》の20元素《げんそ》。

エドワードの示《しめ》した材料《ざいりょう》とは、微妙《びみょう》に違《ちが》うように見《み》える。だが、それは『元素《げんそ》１１１の新知《しんち》識《しき》』が、物質《ぶっしつ》を構成《こうせい》する基本的《きほんてき》な単位《たんい》である「元素《げんそ》」だけを並《なら》べているのに対《たい》し、エドワードのリストには、元素《げんそ》の他《ほか》に、それらを組《く》み合《あ》わせた「化合物《かごうぶつ》」も入《はい》っているためだ。

『元素《げんそ》１１１の新知識《しんちしき》』の酸素《さんそ》は、エドワードのリストでは水《みず》と石灰《せっかい》と硝石《しょうせき》に入《はい》っている。同様《どうよう》に、水素《すいそ》は水《みず》とアンモニアに、窒素《ちっそ》はアンモニアと硝石《しょうせき》に含《ふく》まれる。マグネシウムなども「少量《しょうりょう》の元素《げんそ》」に含《ふく》まれると考《かんが》えれば、両者《りょうしゃ》のラインナップは、ほぼ同《おな》じといっていい。

違《ちが》うのは、配合比《はいごうひ》だ。エドワードの示《しめ》した物質《ぶっしつ》は、合計《ごうけい》およそ62kgになる。ここから『元素《げんそ》１１１の新知識《しんちしき》』が「％」で示《しめ》している量《りょう》を、合計《ごうけい》62kgになる重《おも》さに置《お》き換《か》えて比《くら》べてみよう。そうすれば、少女《しょうじょ》の「生《い》き返《かえ》らせたい恋人《こいびと》」に対《たい》して、エドワードがどういう人間《にんげん》をイメージしていたかも浮《う》かび上《あ》がってくるだろう。

まず、骨《ほね》を作《つく》るカルシウム。体重《たいじゅう》62kgの人体《じんたい》には９３０ｇが必要《ひつよう》だ。これを含《ふく》む石灰《せっかい》は１・３kgである。ところがエドワードが提示《ていじ》したのは１・５kg。ということは、彼《かれ》はやや骨太《ほねぶと》の青年《せいねん》をイメージしていたのだろう。

筋肉《きんにく》を作《つく》るのに欠《か》かせない炭素《たんそ》は、体重《たいじゅう》62kgの人《ひと》には11kg含《ふく》まれている。ところが、エドワードの提示量《ていじりょう》は20kg。かなり筋肉《きんにく》モリモリの若者《わかもの》を想定《そうてい》していたと思《おも》われる。少女《しょうじょ》の恋人《こいびと》は、すご〜く体育会系《たいいくかいけい》だったということか。

他《ほか》の元素《げんそ》は、もっと多《おお》い。消化《しょうか》や免疫《めんえき》に必要《ひつよう》な塩素《えんそ》は、62kgの一般的《いっぱんてき》な人体《じんたい》には93ｇ含《ふく》まれ、それを含《ふく》む塩分《えんぶん》は１５０ｇだが、エドの想定《そうてい》では２５０ｇ。同様《どうよう》に、カルシウムの吸収《きゅうしゅう》を助《たす》けるケイ素《そ》は、一般《いっぱん》１・８ｇ、エド３ｇ。骨《ほね》や歯《は》を強化《きょうか》するフッ素《そ》は、一般《いっぱん》２・６ｇ、エド７・５ｇ。
おいおい、少女《しょうじょ》の恋人《こいびと》はどんだけ健康《けんこう》な人間《にんげん》だったんだよっ!?

一方《いっぽう》で、少《すく》ない元素《げんそ》もある。たとえば赤血球《せっけっきゅう》を作《つく》る鉄《てつ》は５・３ｇ必要《ひつよう》だが、エドワードが示《しめ》した量《りょう》は５ｇ。神経《しんけい》の情報伝達《じょうほうでんたつ》で活躍《かつやく》するカリウムは１２０ｇ必要《ひつよう》で、これを含《ふく》む硝石《しょうせき》は３２０ｇだが、エドは１００ｇ。すると恋人《こいびと》は、貧血気味《ひんけつぎみ》で、頭《あたま》がボーッとしていた人《ひと》だったということに……。もし少女《しょうじょ》がエドワードの想像《そうぞう》した恋人像《こいびとぞう》を知《し》ったら、ムッとしたでしょうなあ。

◆さあ、人体《じんたい》を買《か》いに行《い》こう

さて、エドワードが示《しめ》した「人体《じんたい》の構成成分《こうせいせいぶん》」を現在《げんざい》の日本《にほん》で買《か》うと、いくらになるのか？まずは水《みず》。尊《とうと》い人体《じんたい》を作《つく》るのだから、なるべくいい材料《ざいりょう》を使《つか》いたい。近所《きんじょ》のコンビニでミネラルウォーターを買《か》ってみると、２Ｌ《リットル》で１７８円《えん》。35Ｌ《リットル》なら３１１５円《えん》である。

炭素《たんそ》も上級品《じょうきゅうひん》を使《つか》いたいが、備長炭《びんちょうたん》は20kgで１万《まん》３０６７円《えん》。子《こ》どもの小遣《こづか》いでは、ちょっとキツい。ここは涙《なみだ》を呑《の》んで、バーベキュー用《よう》の木炭《もくたん》４６００円《えん》でガマンしよう。

意外《いがい》に高《たか》いのが、アンモニアだ。エドワードは「４Ｌ《リットル》」と言《い》っているが、水溶液《すいようえき》の濃《こ》さを示《しめ》していないので、これは『元素《げんそ》１１１の新知識《しんちしき》』をもとに考《かんが》えよう。体重《たいじゅう》62kgの人《ひと》に含《ふく》まれる窒《ちっ》素《そ》１・８５kgを入手《にゅうしゅ》するには、２・２kgのアンモニアが必要《ひつよう》である。現在《げんざい》、アンモニアは10％の医療用《いりょうよう》アンモニア水《すい》として売《う》られており、50mL入《い》り８２８円《えん》。２・２kgのアンモニアを入手《にゅうしゅ》するには、３万《まん》６４３２円《えん》かかる。ぐわっ、高《たか》い！

フッ素《そ》も、虫歯予防《むしばよぼう》のフッ化《か》ナトリウム水溶液《すいようえき》として購入《こうにゅう》するしかなく、たった７・５ｇのフッ素《そ》を手《て》に入《い》れるのに、１万《まん》８００円《えん》が必要《ひつよう》だ。これも高《たか》いな〜。

大《おお》きな買《か》い物《もの》になったが、これさえ乗《の》り越《こ》えれば、あとは楽《らく》チン。石灰《せっかい》１・５kgは64円《えん》、リンは８００ｇで８００円《えん》、食塩《しょくえん》２５０ｇで99円《えん》、硝石《しょうせき》１００ｇは２８０円《えん》、イオウ80ｇは16円《えん》、鉄《てつ》５ｇは粉末《ふんまつ》で19円《えん》、ケイ素《そ》３ｇは60円《えん》。いや〜、安《やす》い。

こうして、人体《じんたい》のお値段《ねだん》は出《で》た。合計《ごうけい》５万《まん》６２８５円《えん》。子《こ》どもの小遣《こづか》いが１ヵ月千円《げっせんえん》だとしたら、貯《た》めるのに57ヵ月《げつ》＝４年《ねん》９ヵ月《げつ》ほどかかります。だが、そのうち65％はアンモニアの値段《ねだん》。金額《きんがく》で考《かんが》えれば、人体《じんたい》の65％はアンモニアでできているということか。

アンモニアは、刺激臭《しげきしゅう》のあるアルカリ性《せい》の物質《ぶっしつ》。う〜ん、ちょっとフクザツな気持《きも》ちですね。

とっても気《き》になる文学《ぶんがく》の疑問《ぎもん》

芥川龍之介《あくたがわりゅうのすけ》『蜘蛛の糸《くものいと》』で、お釈迦様《しゃかさま》が垂《た》らしたクモの糸《いと》に大勢《おおぜい》の人《ひと》が登《のぼ》ろうとします。人間《にんげん》がクモの糸《いと》を登《のぼ》ることは可能《かのう》？

新人作家《しんじんさっか》の登竜門《とうりゅうもん》に「芥川賞《あくたがわしょう》」という文学賞《ぶんがくしょう》がある。その名称《めいしょう》の元《もと》になったのが芥川龍之介《あくたがわりゅうのすけ》だ。主《おも》に大正時代《たいしょうじだい》に活躍《かつやく》した作家《さっか》だが、現在《げんざい》でも国語《こくご》の教科書《きょうかしょ》に作品《さくひん》が載《の》るなど、長《なが》く読《よ》まれている。

その芥川龍之介《あくたがわりゅうのすけ》の代表作《だいひょうさく》の一《ひと》つが『蜘蛛の糸《くものいと》』だ。まずは、物語《ものがたり》を簡単《かんたん》に紹介《しょうかい》しよう。

ある日《ひ》、お釈迦様《しゃかさま》が散歩《さんぽ》の途中《とちゅう》、極楽《ごくらく》の蓮池《はすいけ》を覗《のぞ》き込《こ》むと、地獄《じごく》の底《そこ》でカンダタという男《おとこ》が他《ほか》の罪人《ざいにん》といっしょにうごめいているのが見《み》えた。カンダタは「人《ひと》を殺《ころ》したり家《いえ》に火《ひ》をつけたり、いろいろ悪事《あくじ》を働《はたら》いた大泥坊《おおどろぼう》」だったが、クモを踏《ふ》み殺《ころ》そうとして、思《おも》いとどまったことがある。それを思《おも》い出《だ》したお釈迦様《しゃかさま》は、極楽《ごくらく》のクモが蓮《はす》の葉《は》にかけていた糸《いと》をそっと手《て》に取《と》って、地獄《じごく》の底《そこ》に垂《た》らしてやった。

カンダタは喜《よろこ》んで登《のぼ》り始《はじ》めるが、他《ほか》の罪人《ざいにん》たちも登《のぼ》ってくるのに気《き》づくと「この蜘蛛《くも》の糸《いと》は己《おれ》のものだぞ。(中略《ちゅうりゃく》)下《お》りろ!」とわめく。その途端《とたん》、糸《いと》はぷつりと切《き》れ、カンダタは闇《やみ》の底《そこ》に落《お》ちていった。お釈迦様《しゃかさま》は悲《かな》しそうなお顔《かお》をしながら、散歩《さんぽ》を続《つづ》けたのでした。

◆この名作《めいさく》から何《なに》を思《おも》うか?

さまざまに、思《おも》いを巡《めぐ》らさずにいられない物語《ものがたり》である。

カンダタは自分《じぶん》だけが助《たす》かろうとしたためにすべてを失《うしな》ったわけであり、ここからは「身勝手《みがって》さはわが身《み》を滅《ほろ》ぼす」といった教訓《きょうくん》を読《よ》み取《と》るのが普通《ふつう》だろう。筆者《ひっしゃ》も、この作品《さくひん》が授業《じゅぎょう》やテストに出《で》てきたら、そういう考《かん》え方《かた》で臨《のぞ》むだろうし、皆《みな》さんもそう考《かん》えたほうがいいと思《おも》う。

だが、科学的《かがくてき》な視点《してん》に立《た》つと、ちょっと違《ちが》うことばかりが気《き》になってしまうのだ。

たとえば、クモの命《いのち》を助《たす》けた男《おとこ》だからといって、なぜお釈迦様《しゃかさま》はクモの糸《いと》で助《たす》けようとしたのか? 極楽《ごくらく》には、ロープとか縄梯子《なわばしご》とか、もっと救助《きゅうじょ》にふさわしい用具《ようぐ》はなかったのだろうか。

カンダタがクモの糸《いと》にすがろうと思《おも》ったのも、まことに不思議《ふしぎ》である。普通《ふつう》はクモの糸《いと》を見《み》ても「これを登《のぼ》れば地獄《じごく》から脱出《だっしゅつ》できる」とは思《おも》わないだろう。ところがカンダタは、ぶら下《さ》がったら切《き》れるとは全然思《ぜんぜんおも》わなかったようで、小説《しょうせつ》の表現《ひょうげん》によれば「思《おも》わず手《て》を拍《う》って喜《よろこ》びました」。

おいおい、あまりに楽観的《らっかんてき》な殺人放火犯《さつじんほうかはん》ではないか。

というわけで、ここから先《さき》は、筆者《ひっしゃ》の科学的《かがくてき》な関心《かんしん》に沿《そ》って話《はなし》を進《すす》めます。念《ねん》のために繰《く》り返《かえ》すけど、純粋《じゅんすい》に作品《さくひん》を鑑賞《かんしょう》するときや、国語《こくご》のテストに『蜘蛛《くも》の糸《いと》』が出《で》てきたときには、これから書《か》くことはスッパリ忘《わす》れたほうがよろしいぞ。

◆とても丈夫《じょうぶ》なクモの糸《いと》

まず気《き》になるのは、糸《いと》の強《つよ》さである。カンダタが全体重《ぜんたいじゅう》をかけても、クモの糸《いと》は切《き》れなかった。

これはなぜなのか？

クモの糸《いと》は、弱《よわ》くはかないものの代表《だいひょう》のようにいわれるが、それはひとえに細《ほそ》いからだ。クモは7つの絹糸腺《けんしせん》から目的《もくてき》に応《おう》じてさまざまな糸《いと》を出《だ》す。それらのうち、いちばん太《ふと》く頑丈《がんじょう》な「牽引糸《けんいんし》」でも、ジョロウグモのもので直径《ちょっけい》0・005㎜。人間《にんげん》の髪《かみ》の20分《ぶん》の1という細《ほそ》さだ。

しかし材質《ざいしつ》としての強度《きょうど》、すなわち決《き》まった断面積《だんめんせき》で耐《た》える力《ちから》は、1㎟あたり200㎏。これは鋼鉄《こうてつ》のなかでも最強《さいきょう》の部類《ぶるい》に入《はい》るピアノ線《せん》に匹敵《ひってき》する。カンダタの体重《たいじゅう》を60kgとすれば、直径《ちょっけい》0・62㎜＝髪《かみ》の太《ふと》さの6倍《ばい》のクモの糸《いと》があれば、切《き》れずにぶら下《さ》がっていられることになる。

えっ、そんなに太《ふと》いクモの糸《いと》があるのかって？　確《たし》かに直径《ちょっけい》0・62㎜とは、ジョロウグモの牽引糸《けんいんし》の124倍《ばい》であり、そんな太《ふと》い糸《いと》を出《だ》すクモは地上《ちじょう》にはいない。

しかし、極楽《ごくらく》にはいたかもしれないではないか。苦《くる》しみが一切《いっさい》なく、楽《たの》しいことばかりの世界《せかい》なのだから、クモもすくすくと大《おお》きく育《そだ》ったと考《かんが》えたらどうだろう。われながら強引《ごういん》すぎるとは思《おも》うが、もしそうだったとした場合《ばあい》、0・62㎜の牽引糸《けんいんし》を出《だ》せるクモの大《おお》きさはどれほどか？

地上《ちじょう》のジョロウグモは、足《あし》を除《のぞ》く体長《たいちょう》が2㎝5㎜、体重《たいじゅう》は0・5gだ。その124倍《ばい》も大《おお》きいと思《おも》われる極楽《ごくらく》のクモの体格《たいかく》を計算《けいさん》すると、体長《たいちょう》3・1m、体重《たいじゅう》920kg！　うひょ〜、でっかい。お釈迦様《しゃかさま》がお食《く》われにならなかったか心配《しんぱい》だ。

いや、冷静《れいせい》に考《かんが》えると、こんなサイズで済《す》むはずがない。直径《ちょっけい》0・62㎜とはカンダタ1人《ひとり》を支《ささ》えるための糸《いと》の太《ふと》さだ。劇中《げきちゅう》のクモの糸《いと》は罪人《ざいにん》たちが後《あと》から後《あと》から登《のぼ》ってきても、しばらくは切《き》れなかったのだ。小説《しょうせつ》は、登《のぼ》ってきた人数《にんずう》を「何百《なんびゃく》となく何千《なんぜん》となく」と表現《ひょうげん》している。

これが、たとえば5千人《せんにん》だったら、どうなるか。罪人《ざいにん》たちの平均体重《へいきんたいじゅう》を60kgとすると、このクモの糸《いと》は実《じつ》に300tの重量《じゅうりょう》に耐《た》えたことになる。これに必要《ひつよう》な糸《いと》の直径《ちょっけい》は4・3㎝。このロープのような糸《いと》を発《はっ》するクモの体長《たいちょう》は220m、体重《たいじゅう》は32万《まん》t！

ぎょ〜っ、ゴジラやキングギドラを上回《うわまわ》る大怪獣《だいかいじゅう》だ。極楽《ごくらく》って、コワイ……。

◆地獄《じごく》のほうがまだマシだ

次《つぎ》なる問題《もんだい》。もし、クモの糸《いと》が切《き》れなければ、カンダタは極《ごく》楽《らく》に行《い》けたのだろうか。

筆者《ひっしゃ》は、非常《ひじょう》に難《むずか》しかったのではないかと想像《そうぞう》する。それは、小説《しょうせつ》にこんな一節《いっせつ》があるからだ。「地獄《じごく》と極楽《ごくらく》との間《あいだ》は、何万里《なんまんり》となくございますから、いくら焦《あせ》って見《み》たところで、容易《ようい》に上《うえ》へは出《で》られません」。

何万里《なんまんり》!?　1里《り》とは4㎞だから、5万里《まんり》とすれば20万《まん》㎞。地《ち》球《きゅう》の直径《ちょっけい》の16倍《ばい》！

あまりに遠大《えんだい》な距離《きょり》であり、

普通《ふつう》の人間《にんげん》にはとうてい登《のぼ》れまい。だが、カンダタは泥棒《どろぼう》だ。芥川《あくたがわ》も「元《もと》より大泥坊《おおどろぼう》のことですから、こういうことには昔《むかし》から、慣《な》れ切《き》っているのでございます」と、その体力《たいりょく》と技術《ぎじゅつ》を保証《ほしょう》している。カンダタの悪事《あくじ》で鍛《きた》えたクモの糸登攀力《いととうはんりょく》とはどれほどか？

小説《しょうせつ》によれば、お釈迦様《しゃかさま》が糸《いと》を垂《た》らしたのは朝《あさ》、カンダタが落《お》ちたのは昼近《ひるちか》くだった。カンダタの希望《きぼう》から絶望《ぜつぼう》への転落劇《てんらくげき》は、長《なが》くても6時間《じかん》の出来事《できごと》だったのだ。

クモの糸《いと》は一筋《ひとすじ》だから、罪人《ざいにん》たちは一列《いちれつ》になって登《のぼ》ってきたはずである。助《たす》かりたい一心《いっしん》でわれ先《さき》に、膝《ひざ》と顔《かお》がぶつかり合《あ》うようにして登《のぼ》ってきたのだろうから、互《たが》いの頭《あたま》の間隔《かんかく》は1mほどだろう。これで人数《にんずう》が5千人《せんにん》なら、先頭《せんとう》のカンダタはクモの糸《いと》を5千《せん》mは登《のぼ》っていたことになる。

恐《おそ》るべき体力《たいりょく》だが、極楽《ごくらく》までの道《みち》のりは20万《まん》km。まだ19万《まん》9995kmも残《のこ》っている。これまでと同《おな》じペースで登《のぼ》っていくと、極楽《ごくらく》にたどり着《つ》くまで不眠不休《ふみんふきゅう》で27年《ねん》5ヵ月《げつ》もかかるのだ！　これはツライ。これならもう、地獄《じごく》にいたほうがマシじゃないか？

地獄《じごく》から抜《ぬ》け出《だ》すために地獄《じごく》を味《あじ》わうとは、なんたる地獄《じごく》。やっぱり悪事《あくじ》を働《はたら》いてはいかんのだなあ。おや、科学的《かがくてき》に考《かんが》えていった結果《けっか》、道徳的《どうとくてき》にもまともな結論《けつろん》に行《い》き着《つ》いたようでございます。

とっても気《き》になるアニメの疑問《ぎもん》

宇宙戦艦《うちゅうせんかん》ヤマトの艦内《かんない》では地上《ちじょう》と同《おな》じような重力《じゅうりょく》が働《はたら》いていました。重力《じゅうりょく》は、どうすれば作《つく》り出《だ》せますか？

『宇宙戦艦《うちゅうせんかん》ヤマト』はＳＦ《エスエフ》アニメの金字塔《きんじとう》である。時《とき》に２１９９年《ねん》。謎《なぞ》の星《ほし》・ガミラスの攻撃《こうげき》で、地球《ちきゅう》は深刻《しんこく》な放射能汚染《ほうしゃのうおせん》に陥《おちい》っていた。滅亡《めつぼう》まであと1年《ねん》という絶望的《ぜつぼうてき》な状況《じょうきょう》のなか、大《だい》マゼラン銀河《ぎんが》のイスカンダル星《せい》から「放射能除去装置《ほうしゃのうじょきょそうち》を取《と》りにこい」とのメッセージが届《とど》く。地球《ちきゅう》はこれに希望《きぼう》を賭《か》け、宇宙戦艦《うちゅうせんかん》ヤマトを送《おく》り出《だ》す。乗組員《のりくみいん》は沖田《おきた》十三《じゅうぞう》艦長《かんちょう》以下《いか》１１４名《めい》。彼《かれ》らが目指《めざ》すイスカンダルは14万《まん》８千光年《せんこうねん》の彼方《かなた》——。

この壮大《そうだい》な物語《ものがたり》は、１９７４年《ねん》の放送時《ほうそうじ》には視聴率《しちょうりつ》が振《ふ》るわず、半年《はんとし》で打《う》ち切《き》られてしまった。しかし、３年後《ねんご》の映画《えいが》公開《こうかい》をきっかけに爆発的《ばくはつてき》なブームを呼《よ》んだ。２０１２年《ねん》から『宇宙戦艦《うちゅうせんかん》ヤマト2199』が製作《せいさく》されたのも、当時《とうじ》のファンたちがヤマトの復活《ふっかつ》を望《のぞ》んだからだろう。『ヤマト』は人々《ひとびと》の心理《しんり》を克明《こくめい》に描《えが》いていた。地球《ちきゅう》に残《のこ》してきた家族《かぞく》への思《おも》い、はるかなる旅《たび》への不安《ふあん》……。また、宇宙《うちゅう》やメカの描写《びょうしゃ》も細《こま》かかった。放射状《ほうしゃじょう》に広《ひろ》がる宇宙《うちゅう》での爆発《ばくはつ》、必殺兵器《ひっさつへいき》・波動砲《はどうほう》の発射《はっしゃ》までのプロセス……。1970年代《ねんだい》では、ずば抜《ぬ》けてリアルなアニメであった。

だが、このリアルな物語《ものがたり》にも、筆者《ひっしゃ》には不思議《ふしぎ》でならないことがあった。ヤマトの艦内《かんない》には、地球《ちきゅう》とまったく同《おな》じような「重力《じゅうりょく》」が働《はたら》いていたのだ。宇宙《うちゅう》を行《い》く船《ふね》なのに……？

◆宇宙《うちゅう》は無重力《むじゅうりょく》だ

現実《げんじつ》の国際宇宙《こくさいうちゅう》ステーションの船内《せんない》では、飛行士《ひこうし》たちがフワフワ浮《う》いている。テーブルの上《うえ》にペンを置《お》けばどこかへ漂《ただよ》い、水《みず》の入《はい》った容器《ようき》を逆《さか》さにしても水《みず》は落《お》ちてこない。これは地球《ちきゅう》の重《じゅう》力《りょく》と、地球《ちきゅう》を周回《しゅうかい》することで生《う》まれる遠心力《えんしんりょく》が釣《つ》り合《あ》って、重力《じゅうりょく》がないのと同《おな》じ状況《じょうきょう》になっているからだ。

また、地球《ちきゅう》や太陽《たいよう》を遠《とお》く離《はな》れると、重力《じゅうりょく》そのものがほぼゼロとなる。どちらにしても、宇宙《うちゅう》を進《すす》む乗《の》り物《もの》の内部《ないぶ》には、重力《じゅうりょく》は働《はたら》かない。ここから考《かんが》えれば、沖田艦長《おきたかんちょう》も主人公《しゅじんこう》の古代進《こだいすすむ》も、横《よこ》になったり逆《さか》さになったりして艦内《かんない》を漂《ただよ》い、ヒロイン・森雪《もりゆき》の長《なが》い髪《かみ》は周囲《しゅうい》にワラワラと広《ひろ》がって、海中《かいちゅう》のワカメのように揺《ゆ》れ動《うご》いたはずである。

ところがヤマトの艦内《かんない》では、乗組員《のりくみいん》たちは普通《ふつう》に床《ゆか》を歩《ある》き、武器《ぶき》やヘルメットをテーブルに置《お》く。船医《せんい》の佐渡酒造先生《さどさけぞうせんせい》など、酒《さけ》を一升瓶《いっしょうびん》から湯飲《ゆの》みについで飲《の》んでいた。劇中《げきちゅう》で説明《せつめい》はなかったが、ここまで自然《しぜん》な行動《こうどう》が可能《かのう》だったのは、ヤマトが人工重力《じんこうじゅうりょく》を発生《はっせい》させていたからであろう。

◆慣性《かんせい》の法則《ほうそく》を利用《りよう》する

重力《じゅうりょく》を人工的《じんこうてき》に作《つく》り出《だ》すのは、至難《しなん》の業《わざ》である。重力《じゅうりょく》は磁力《じりょく》などと違《ちが》いスイッチを押《お》せばブーンと音《おと》がしてたちどころに発生《はっせい》する、といった性質《せいしつ》のものでないからだ。

筆者《ひっしゃ》に考《かんが》えつく「人工的《じんこうてき》に重力《じゅうりょく》を生《う》み出《だ》す方法《ほうほう》」は、3つである。

第《だい》1の方法《ほうほう》は、慣性《かんせい》の法則《ほうそく》を利用《りよう》することだ。慣性《かんせい》の法則《ほうそく》とは、止《と》まっている物体《ぶったい》はその場《ば》に留《とど》まろうとし、動《うご》いている物体《ぶったい》は同《おな》じ速度《そくど》で動《うご》き続《つづ》けようとすることである。

たとえば、電車《でんしゃ》がスピードを上《あ》げると、乗《の》っている人《ひと》は後方《こうほう》に押《お》される。慣性《かんせい》の法則《ほうそく》で乗客《じょうきゃく》がそれまでと同《おな》じ速度《そくど》を保《たも》とうとするのに対《たい》し、電車《でんしゃ》や車《くるま》がスピードを上《あ》げるために起《お》きる現象《げんしょう》だ。

宇宙戦艦《うちゅうせんかん》ヤマトも、これを応用《おうよう》すれば重力《じゅうりょく》を発生《はっせい》させることができるだろう。ヤマトが一定《いってい》の割合《わりあい》でスピードを上《あ》げ続《つづ》けると、乗組員《のりくみいん》たちは後《うし》ろ向《む》きに押《お》され続《つづ》ける。これは、後《うし》ろ向《む》きに重《じゅう》力《りょく》が発生《はっせい》したのと同《おな》じことである。

ただし、せっかく生《う》まれた重力《じゅうりょく》も、働《はたら》く方向《ほうこう》が後《うし》ろ向《む》きだ。たとえば、沖田艦長《おきたかんちょう》が第一艦橋《だいいちかんきょう》の館長席《かんちょうせき》に座《すわ》って真正面《ましょうめん》を見据《みす》えているとき、重力《じゅうりょく》はイスの背《せ》もたれや背後《はいご》の壁《かべ》に向《む》かって発生《はっせい》する。下向《したむ》き(床《ゆか》の方向《ほうこう》)の重力《じゅうりょく》はゼロだから、だったら背《せ》もたれや壁《かべ》に立《た》ったほうがいい。すると、前方《ぜんぽう》の窓《まど》や計器類《けいきるい》はすべて頭《あたま》の上《うえ》に来《く》る。う〜ん、操作《そうさ》しにくくてたまらん。

しかも、これが保《たも》てるのは、ヤマトが速度《そくど》を上《あ》げ続《つづ》けているあいだだけだ。劇中《げきちゅう》、ヤマトはいろんな星《ほし》に立《た》ち寄《よ》っていたが、そんなことをしたら大変《たいへん》だ。減速《げんそく》すると、重力《じゅうりょく》は正反対《せいはんたい》に働《はたら》き、今度《こんど》は前方《ぜんぽう》の窓《まど》や計器類《けいきるい》が床《ゆか》になる。ますます戦《たたか》いづらく、地球滅亡《ちきゅうめつぼう》の危機《きき》が迫《せま》る！

◆遠心力《えんしんりょく》を使《つか》う

重力《じゅうりょく》を発生《はっせい》させる第《だい》2の方法《ほうほう》は、遠心力《えんしんりょく》を利用《りよう》することだ。遠心力《えんしんりょく》とは、回転《かいてん》する物体《ぶったい》に働《はたら》く力《ちから》のこと。ジェットコースターなど遊園地《ゆうえんち》の遊具《ゆうぐ》には遠心力《えんしんりょく》を利用《りよう》したものが多《おお》い。

この方法《ほうほう》を宇宙戦艦《うちゅうせんかん》ヤマトに使《つか》えないか？　ヤマトは戦艦大和《せんかんやまと》を改造《かいぞう》したために、船《ふね》そのものの姿《すがた》をしている。これで遠心力《えんしんりょく》を生《う》み出《だ》そうと思《おも》ったら、ヤマトは船体《せんたい》そのものを回転《かいてん》させながら進《すす》むしかない。考《かんが》えられる回転《かいてん》は、①縦回転《たてかいてん》、②横回転《よこかいてん》、③キリモミ回転《かいてん》、のいずれかだ。

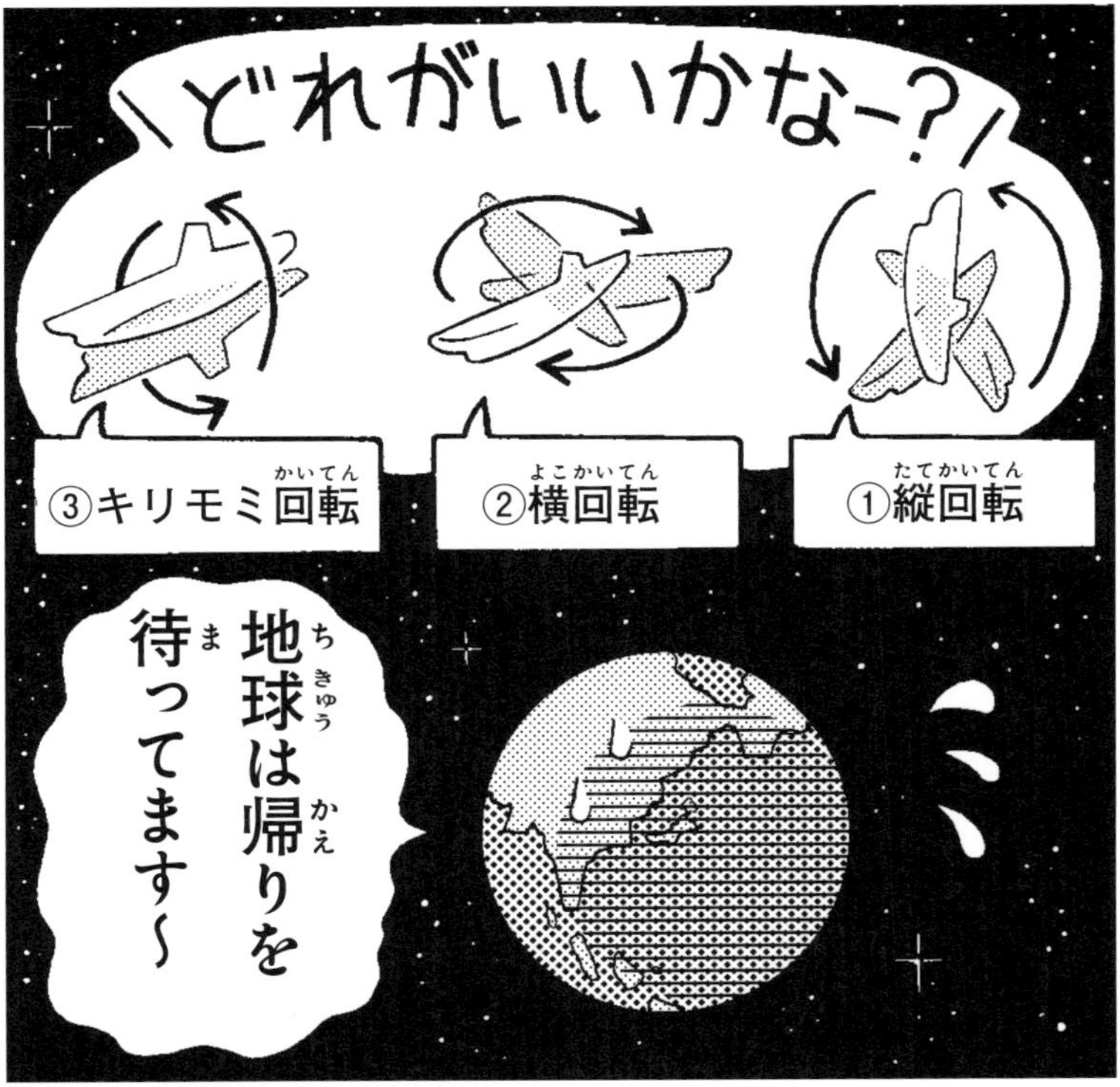

もちろん、いずれも艦内《かんない》はテンヤワンヤの騒《さわ》ぎになる。まず、縦回転《たてかいてん》。この場合《ばあい》、ヤマトは前《ぜん》方宙返《ぽうちゅうがえ》りを繰《く》り返《かえ》しながら前進《ぜんしん》する。遠心力《えんしんりょく》は回転《かいてん》の外側《そとがわ》に向《む》かって働《はたら》くので、甲板《かんぱん》の上部《じょうぶ》にある第一艦橋《だいいちかんきょう》では天井《てんじょう》が床《ゆか》になる。やっぱり不便《ふべん》！　しかも、艦橋《かんきょう》は回転軸《かいてんじく》に近《ちか》いから、発生《はっせい》する重力《じゅうりょく》が弱《よわ》い。大《おお》きな遠心力《えんしんりょく》が働《はたら》くのは、回転軸《かいてんじく》からいちばん遠《とお》い艦首《かんしゅ》と艦尾《かんび》の壁《かべ》だが、全《ぜん》クルーがその2カ所《しょ》に集結《しゅうけつ》したら、狭苦《せまくる》しくて大変《たいへん》。またまた地球滅亡《ちきゅうめつぼう》の危機《きき》が迫《せま》る！

横回転《よこかいてん》は、艦橋《かんきょう》を軸《じく》として横向《よこむ》きにグルグル回《まわ》りながら宇宙《うちゅう》を行《い》く方法《ほうほう》。だが、これも縦回転《たてかいてん》とほぼ同《おな》じで、中心部《ちゅうしんぶ》はほとんど無重力《むじゅうりょく》になる。やっぱり艦首《かんしゅ》と艦尾《かんび》に集《つど》うしかなくて、狭《せま》いよ～苦《くる》しいよ～。しかも、縦回転《たてかいてん》にせよ横回転《よこかいてん》にせよ、波動砲《はどうほう》と波動《はどう》エンジンはしょっちゅう向《む》きが変《か》わっている。波動砲《はどうほう》は当《あ》たらず、ヤマトはどこへ進《すす》むかわからない。地球滅亡《ちきゅうめつぼう》の危機《きき》が！

キリモミ回転《かいてん》は、艦首《かんしゅ》と艦尾《かんび》を結《むす》ぶ線《せん》を回転軸《かいてんじく》とし、ドリルのように回《まわ》りながら突《つ》き進《すす》む方法《ほうほう》だ。これは波動砲《はどうほう》と波動《はどう》エンジンが使《つか》える点《てん》で優《すぐ》れている。でも甲板《かんぱん》の通常兵器《つうじょうへいき》はずっと回転《かいてん》しているから、これまた当《あ》たらない。最終兵器《さいしゅうへいき》の波動砲《はどうほう》が唯一《ゆいいつ》の武器《ぶき》に!? やっぱり滅亡《めつぼう》の危機《きき》！

◆相対性理論《そうたいせいりろん》を応用《おうよう》する

慣性《かんせい》の法則《ほうそく》や遠心力《えんしんりょく》を利用《りよう》して重力《じゅうりょく》を発生《はっせい》させると、どうしても地球《ちきゅう》が滅《ほろ》んでしまう。ここは、第《だい》3の方法《ほうほう》に賭《か》けるしかない。

アインシュタインの特殊相対性理論《とくしゅそうたいせいりろん》によれば、高速《こうそく》で運動《うんどう》すると物体《ぶったい》は重《おも》くなる。どれほどエネルギーを与《あた》えても、光《ひかり》の速《はや》さを超《こ》えることはできないので、光速《こうそく》に近《ちか》づくと、速度《そくど》が上《あ》がる代《か》わりに重《おも》くなるのだ。日常的《にちじょうてき》な感覚《かんかく》では理解《りかい》しにくいが、数々《かずかず》の実験《じっけん》で証明《しょうめい》されている。

これを応用《おうよう》すれば、ヤマトも人工重力《じんこうじゅうりょく》を発生《はっせい》させられる。地球《ちきゅう》の重力《じゅうりょく》は、地球《ちきゅう》の重《おも》さによって生《う》まれている。艦底《かんてい》の近《ちか》くで、巨大《きょだい》なリングをとてつもない速《はや》さで回転《かいてん》させれば、リングはとてつもなく重《おも》くなり、これによって重力《じゅうりょく》が生《う》まれるはずだ。

直径《ちょっけい》２ｍの鉄《てつ》の円柱《えんちゅう》で、直径《ちょっけい》２００ｍのリングを作《つく》ったとしよう。１００ｍ離《はな》れた空間《くうかん》に、地《ち》上《じょう》の重力《じゅうりょく》と同《おな》じ重力《じゅうりょく》を作《つく》り出《だ》すためには、このリングを光速《こうそく》の99・９９９９９９９９９９４％で回転《かいてん》させればよい。このリングをヤマトの艦底部《かんていぶ》に近《ちか》い空間《くうかん》に置《お》けば、重力《じゅうりょく》はヤマトにとって下向《したむ》きに働《はたら》くため、艦内《かんない》では地上《ちじょう》とまったく同《おな》じように生活《せいかつ》できる。

ただし、重力《じゅうりょく》は艦内《かんない》だけに働《はたら》くのではない。ヤマト全体《ぜんたい》もこの重力発生装置《じゅうりょくはっせいそうち》に引《ひ》っ張《ぱ》られるのだ。艦底部《かんていぶ》の垂直離着陸用《すいちょくりちゃくりくよう》エンジンを噴射《ふんしゃ》して、その重力《じゅうりょく》に対抗《たいこう》しなければ、ヤマトはリングに引《ひ》っ張《ぱ》られて衝突《しょうとつ》、宇宙《うちゅう》の塵《ちり》となってしまう。

重力発生装置《じゅうりょくはっせいそうち》が動《うご》いている限《かぎ》り、垂直離着陸《すいちょくりちゃくりく》エンジンを止《と》めることは許《ゆる》されない。エンジンの力《ちから》が少《すこ》し落《お》ちただけでも、回転《かいてん》ヤスリに腹《はら》を削《けず》られることになるから命《いのち》がけだ。すると宇宙戦艦《うちゅうせんかん》ヤマトにとって、最大《さいだい》の敵《てき》はガミラスではなく、この重力発生装置《じゅうりょくはっせいそうち》ということ!?

う〜む。人工重力発生装置《じんこうじゅうりょくはっせいそうち》がこんなにオソロシイものだとは……。しかし、繰《く》り返《かえ》すが、かつての『ヤマト』の劇中《げきちゅう》で重力《じゅうりょく》について言及《げんきゅう》されたことはなかった。２１９９年《ねん》の技術《ぎじゅつ》で、スイッチを押《お》すとブーンと音《おと》がして重力《じゅうりょく》が発生《はっせい》するような装置《そうち》が開発《かいはつ》されていたことを祈《いの》るばかりだ。

本書は『ジュニア空想科学読本』（角川つばさ文庫／二〇一三年六月刊行）を加筆・修正してかき下ろしを加え、単行本化したものです。

また、本書では、計算結果を必要に応じて四捨五入して表示しています。したがって、読者の皆さんが、本文に示された数値と方法で計算しても、まったく同じ結果にはならない場合があります。間違いではありませんので、ご了承ください。

『ジュニ空《くう》』読者《どくしゃ》のための

これはすごいよ！
空《くう》想《そう》科《か》学《がく》作《さく》品《ひん》案《あん》内《ない》！

『ジュニア空想科学読本《くうそうかがくどくほん》』では、いろいろな作品《さくひん》を扱《あつか》っている。僕《ぼく》は、新《あたら》しいものも古《ふる》いものも、あまり気《き》にせずに登場《とうじょう》させている。

それは、僕《ぼく》が『ジュニ空《くう》』で紹介《しょうかい》している映画《えいが》やマンガやアニメは、時代《じだい》を超《こ》えて楽《たの》しめる作品《さくひん》ばかりだと思《おも》うから。少《すこ》し古臭《ふるくさ》く感《かん》じるかもしれないけど、いまでも充分《じゅうぶん》に楽《たの》しめるものが、とても多《おお》いのだ。

そこで『ジュニ空《くう》』の読者《どくしゃ》が見《み》たり読《よ》んだりする機《き》会《かい》の少《すく》なそうな古《ふる》い作品《さくひん》を中心《ちゅうしん》に、僕《ぼく》がオススメするコンテンツを紹介《しょうかい》しよう。

◆『ゴジラ』

（１９５４年公開《ねんこうかい》／東宝映画《とうほうえいが》）※1巻《かん》に登場《とうじょう》

いまでは世界的《せかいてき》に有名《ゆうめい》なキャラクターとなっている怪獣《かいじゅう》ゴジラ。２０１６年《ねん》に公開《こうかい》されて大《だい》ヒットとなった『シン・ゴジラ』はシリーズ29作目《さくめ》の映画《えいが》でゴジラは今後《こんご》も新作《しんさく》が生《う》み出《だ》されていくだろう。

最初《さいしょ》の映画《えいが》『ゴジラ』が製作《せいさく》されたのは、太平洋《たいへいよう》戦争《せんそう》が終《お》わって10年《ねん》も経《た》たない１９５４年《ねん》で、当時《とうじ》は国会議事堂《こっかいぎじどう》が東京《とうきょう》でいちばん高《たか》い建物《たてもの》だった。高《こう》速道路《そくどうろ》も新幹線《しんかんせん》も開通《かいつう》しておらず、テレビの普及《ふきゅう》は全国《ぜんこく》でたった1万台《まんだい》ほど。日本人《にほんじん》の平均寿命《へいきんじゅみょう》は、いまより20歳《さい》ほど短《みじか》かった。そんな時代《じだい》から活躍《かつやく》しているのだから、ホントにすごい怪獣《かいじゅう》である。

いま知《し》ると意外《いがい》なのは、公開当時《こうかいとうじ》、新聞《しんぶん》や雑誌《ざっし》に掲載《けいさい》された『ゴジラ』の映画評《えいがひょう》が、めちゃくちゃ辛辣《しんらつ》なことだ。たとえば読売新聞《よみうりしんぶん》は「映画《えいが》は、ゴジラ対策《たいさく》の人間側《にんげんがわ》でいろいろと芝居《しばい》をもりこむが、この処理《しょり》がまったく拙《つたな》い。荒唐無《こうとうむ》けいなものにせず、科学的《かがくてき》な面《めん》も見《み》せようという手段《しゅだん》も実《じっ》に不手際《ふてぎわ》。特殊撮影《とくしゅさつえい》だけがミソの珍品《ちんぴん》である」。週刊朝日《しゅうかんあさひ》は「最後《さいご》の三分《さんぶん》の一《いち》くらいはたいへん感傷的《かんしょうてき》でつまらなくなる。東京《とうきょう》の悲惨《ひさん》な状況《じょうきょう》を描《えが》き、わざわいの根本《こんぽん》が水爆実験《すいばくじっけん》にあるといわんばかり。水爆《すいばく》にからむ、そのからみ方《かた》がいや味《み》である」。

えーっ、珍品《ちんぴん》で、つまらなくて、嫌味《いやみ》……!?

この映画《えいが》は、モノクロ作品《さくひん》(白黒映画《しろくろえいが》のことで、モノクロームの略《りゃく》)なので、本書《ほんしょ》の読者《どくしゃ》にも、見《み》たことのない人《ひと》が多《おお》いかもしれない。でも、ぜひ見《み》てもらいたい。右《みぎ》に紹介《しょうかい》した映画評《えいがひょう》とは全然違《ぜんぜんちが》って、人間《にんげん》ドラマと特撮《とくさつ》が素晴《すば》らしく合致《がっち》した傑作《けっさく》である。劇中《げきちゅう》、災《わざわ》いの根本《こんぽん》はもちろん水爆実《すいばくじっ》験《けん》にあるのであって、人間《にんげん》が生《う》み出《だ》した核《かく》がゴジラを凶暴《きょうぼう》な怪獣《かいじゅう》にしたことが強調《きょうちょう》されている。これは、戦争《せんそう》のための兵器《へいき》が、結局《けっきょく》は自分《じぶん》たちを滅《ほろ》ぼすと訴《うった》える反戦《はんせん》の映画《えいが》なのだ。

『ゴジラ』があったからこそ、『ウルトラマン』や『仮面《かめん》ライダー』も生《う》まれた。アニメやマンガにも大《おお》きな影響《えいきょう》を与えたことは間違《まちが》いない。平和《へいわ》への願《ねが》いが込《こ》められた作品《さくひん》だったがゆえに、すごい力《ちから》を持《も》っていたのだと思《おも》う。

◆『エイトマン』

（1963年《ねん》／TBS系《けい》アニメ）※2巻《かん》に登場《とうじょう》

日本《にほん》のテレビアニメ黎明期《れいめいき》を支《ささ》えたのは、ロボットたちだった。

第一号《だいいちごう》は、もちろん手塚治虫先生《てづかおさむせんせい》の『鉄腕《てつわん》アトム』。1950年代《ねんだい》からマンガ家《か》として大成功《だいせいこう》していた手塚先生《てづかせんせい》にとって、アニメの制作《せいさく》は幼《おさな》い頃《ころ》からの夢《ゆめ》だった。自《みずか》ら虫《むし》プロダクションというアニメ制作会社《せいさくがいしゃ》を作《つく》り、日本初《にほんはつ》のテレビアニメ『鉄腕《てつわん》アトム』を作《つく》ったのが63年《ねん》。日本《にほん》のマンガとアニメ、双方《そうほう》の基礎《きそ》を築《きず》いたものすごい人《ひと》だ。

『鉄腕《てつわん》アトム』に続《つづ》いて放送《ほうそう》されたアニメが『鉄人《てつじん》28号《ごう》』だった。原作《げんさく》は横山光輝先生《よこやまみつてるせんせい》のマンガで、手塚先生《てづかせんせい》の『アトム』と同《おな》じ雑誌《ざっし》に連載《れんさい》されていた。横山先生《よこやませんせい》は他《ほか》に『魔《ま》

法使《ほうつか》いサリー』や『伊賀《いが》の影丸《かげまる》』や『バビル2世《せい》』や『三国志《さんごくし》』など、さまざまな分野《ぶんや》で大《だい》ヒット作《さく》を描《えが》いた多彩《たさい》なマンガ家《か》。『鉄人《てつじん》28号《ごう》』も「巨大《きょだい》なロボットがリモコンで動《うご》く。リモコンを悪人《あくにん》に取《と》られたら、鉄人《てつじん》は悪《あく》の手先《てさき》として動《うご》く」という設定《せってい》が秀逸《しゅういつ》だった。

そして、3番目《ばんめ》に作《つく》られたアニメが『エイトマン』だ。主人公《しゅじんこう》のエイトマンは、悪人《あくにん》に殺《ころ》されてしまった警視庁《けいしちょう》の東八郎《あずまはちろう》刑事《けいじ》がロボットとしてよみがえった姿《すがた》だ。アトムが子《こ》ども、鉄人《てつじん》28号《ごう》がずんぐりした巨大《きょだい》ロボだったのに対《たい》して、エイトマンはスマートなイケメンで、かっこよさではピカイチだった。

それもそのはずで、このアニメの原作《げんさく》は、週刊少年《しゅうかんしょうねん》マガジンに連載《れんさい》された『8《エイト》マン』。SF作《さっ》家《か》の平井和正《ひらいかずまさ》さんが最初《さいしょ》にキャラクターと物語《ものがたり》を作《つく》り、その世界観《せかいかん》を表現《ひょうげん》できそうなマンガ家《か》をオーディション方式《ほうしき》で選《えら》ぶという、当時《とうじ》としては画期的《かっきてき》なやり方《かた》で制作《せいさく》された作品《さくひん》であった。

マンガの連載《れんさい》が始《はじ》まると、たちまち人気《にんき》が出《で》た。だが、テレビ局《きょく》のプロデューサーがアニメ化《か》したいと言《い》ってきたとき、当時《とうじ》の編集長《へんしゅうちょう》は「企画《きかく》というのは自分《じぶん》の頭《あたま》で考《かんが》えるべきです。他人《たにん》のものを横《よこ》からさらっていくのは認《みと》められません」と叱《しか》り飛《と》ばしたという。現在《げんざい》ではちょっと信《しん》じられないような話《はなし》だけど、そういった試行錯誤《しこうさくご》を経《へ》て、アニメは定着《ていちゃく》していったのだ。

ちなみに『鉄人《てつじん》28号《ごう》』『エイトマン』の放送開始《ほうそうかいし》も63年《ねん》。日本《にほん》のアニメ史《し》に残《のこ》る年《とし》である。

◆『銀河鉄道《ぎんがてつどう》999《スリーナイン》』

（1977年《ねん》／松本零士《まつもとれいじ》）※3巻《かん》に登場《とうじょう》

筆者《ひっしゃ》が高校生《こうこうせい》だった1977年《ねん》の夏《なつ》、『宇宙戦艦《うちゅうせんかん》ヤマト』の劇場版《げきじょうばん》が大《だい》ヒットして、一気《いっき》にアニメブームが起《お》こった。『ヤマト』はもともと、その3年前《ねんまえ》にテレビで放送《ほうそう》されたアニメだったが、視聴率《しちょうりつ》が振《ふ》るわず、39回《かい》の予定《よてい》が26回《かい》で打《う》ち切《き》られてしまっていた。その総集編《そうしゅうへん》を作《つく》って映画館《えいがかん》で上映《じょうえい》したら大《だい》ヒットしたのだから、世《よ》のなか何《なに》が起《お》こるかわからんものですね。

『ヤマト』でデザインを担当《たんとう》したのが、マンガ家《か》の松本零《まつもとれい》士先生《じせんせい》である。当時《とうじ》は中堅《ちゅうけん》のマンガ家《か》で、筆者《ひっしゃ》の印象《いんしょう》を素《す》直《なお》に書《か》けば「メカがかっこよく、女性《じょせい》キャラは美人《びじん》だけど、男性《だんせい》キャラは好《この》みが分《わ》かれそう」という人《ひと》だった。ケナシ

ているわけではなく、知《し》る人《ひと》ぞ知《し》る実力派《じつりょくは》のマンガ家《か》だったのだ。

そんな松本先生《まつもとせんせい》が『ヤマト』に関《かか》わりながら、新《あら》たに考《かんが》えていたアニメ企画《きかく》が、『銀河鉄道《ぎんがてつどう》９９９《スリーナイン》』だった。ところが、前述《ぜんじゅつ》のとおり『ヤマト』は打《う》ち切《き》りとなり、また進行中《しんこうちゅう》だったアニメ『９９９《スリーナイン》』の企画《きかく》も「視聴率《しちょうりつ》が取《と》れないのでは」という話《はなし》が出《で》て、消滅《しょうめつ》してしまったという。

この状況《じょうきょう》に、松本先生《まつもとせんせい》は落《お》ち込《こ》みかけたが、「『９９９《スリーナイン》』の企画書《きかくしょ》はもうアニメの業界《ぎょうかい》に出《で》てしまった。自分《じぶん》の手《て》の内《うち》をさらしてしまったようなものだから、早《はや》く作品《さくひん》にしないと……」と考《かんが》え、ちょうどそのタイミングで連載《れんさい》の依頼《いらい》があった雑誌《ざっし》で、マンガとして描《か》くことにしたのである。

連載《れんさい》の開始《かいし》は77年《ねん》の1月《がつ》。最初《さいしょ》の予定《よてい》では、10回連載《かいれんさい》だったという。だが「謎《なぞ》の美女《びじょ》といっしょに列車《れっしゃ》で宇宙《うちゅう》を旅《たび》し、さまざまな星《ほし》で個性的《こせいてき》な人々《ひとびと》に出会《であ》う」という物語《ものがたり》は好評《こうひょう》で、連載《れんさい》は延《えん》長《ちょう》された。そして半年後《はんとしご》の夏《なつ》、『ヤマト』劇場版《げきじょうばん》がヒットして、大《だい》ブームが起《お》こった。白紙《はくし》に戻《もど》っていた『銀河鉄道９９９《ぎんがてつどうスリーナイン》』のテレビアニメ企画《きかく》も復活《ふっかつ》し、全《ぜん》１１３回《かい》も放送《ほうそう》されるヒットシリーズに育《そだ》っていく。松本先生《まつもとせんせい》も注目《ちゅうもく》されるようになり、これを機《き》に日本《にほん》を代表《だいひょう》するマンガ家《か》になったといえるだろう。

うまく行かないことが続《つづ》いたり、不運《ふうん》が重《かさ》なっても、できることをコツコツやっていくことが大切《たいせつ》。そう教《おし》えてくれる『９９９《スリーナイン》』誕生《たんじょう》のエピソードではないだろうか。

大人気！
ジュニア空想科学
マンガやアニメを
科学的に検証する
「日本一笑える
理科の本」！
角川つばさ文庫で
好評発売中！

柳田理科雄《やなぎたりかお》／著
1961年鹿児島県種子島生まれ。東京大学中退。学習塾の講師を経て、96年『空想科学読本』を上梓。99年、空想科学研究所を設立し、マンガやアニメや特撮などの世界を科学的に研究する試みを続けている。明治大学理工学部非常勤講師も務める。

藤嶋《ふじしま》マル／絵
1983年秋田県生まれ。イラストレーター、マンガ家として活躍中。

永地《えいち》／絵
(『ジュニ空』読者のための「これはすごいよ！　空想科学作品案内！」)
イラストレーター、マンガ家として活躍中。作画を担当したマンガ作品に『Yの箱舟』などがある。

愛蔵版《あいぞうばん》
ジュニア空想科学読本《くうそうかがくどくほん》①
著《ちょ》　柳田理科雄《やなぎたりかお》
絵《え》　藤嶋《ふじしま》マル

2016年12月　初版1刷発行
2021年 9 月　初版4刷発行

発行者　小安宏幸
発　行　株式会社汐文社
〒102-0071　東京都千代田区富士見 1-6-1
富士見ビル1F
TEL03-6862-5200 FAX03-6862-5202
印　刷　大日本印刷株式会社
製　本　大日本印刷株式会社
装　丁　ムシカゴグラフィクス

ISBN978-4-8113-2346-6　C8340　　N.D.C.400